フィールドの生物学―⑦

テングザル

河と生きるサル

松田一希 著

東海大学出版会

Discoveries in Field Work No.7
Proboscis Monkey
-River Monkey in Borneo

Ikki MATSUDA
Tokai University Press, 2012
Printed in Japan
ISBN978-4-486-01846-9

はじめに

なぜ自分はこんな異国の熱帯の森で、大きく垂れ下がった鼻をもつ奇妙なサルを追いかけているのだろうかと、轟く雷鳴と突風、そして豪雨に打たれじっとテングザルを見つめながら考えることがある。サルの生態研究は、早起きが基本だ。私は昔から早起きが苦手で、中学、高校と遅刻魔であった。二〇〇二年に大学院の修士課程に進学してサルの調査をはじめるようになっていらい、なんど早起きが嫌で挫折しかけたことだろうか。熱帯の森の中は、蚊、ヒル、ダニといった人間にとっては疎ましい虫が多い。耳元で四六時中飛び回る大量の蚊に苛々させられたり、体中をダニに噛まれて一晩中かゆみに苦しんだりと、このまま研究を投げだして帰国しようかと思うこともある。海外での調査は、多くの人とのコミュニケーション能力を要求される。しかし研究をはじめた頃の私は、現地の言葉はもちろんのこと、英語でその日のホテルを予約することすらできない酷い語学力であった。自分の言いたいことが伝わらず、また相手の言っていることが理解できない、あげくのはてには現地でお金を騙し取られたりして、なんど悔しい涙を流したことだろう。

こうやって現地での生活を回想してみると、楽しいことよりも辛いことの方が多いような気がしてくる。そんな私が、なぜ今もなお熱帯林に分け入ってサルを追いかけているのか。それは、ひとえにフィールドには夢があるからであろう。まだ誰も見たことがない、そして誰も知らない新発見がそこにはあり、フィールドにいる誰もがその発見を見つける可能性を秘めている。実験室でおこなう研究には、緻密な計算と頭脳を必要とする場合が多い。しかしフィールドでは、とにかくより長い時間を森ですごし、より長い時間を動物の観察に費やした者ほど、こういった発見に遭遇する確率は高くなる。大発見とまではいかないが、私は異国の森の中で、毎日テングザルが見せてくれる新しい小さな発見に魅了されたのだと思う。

体力勝負のフィールド調査にも唯一、重要な才能があるかもしれない。それは「動物運」とでも呼べるものである。同じ森を歩いていてもどういうわけかよく動物に遭遇する人と、まったく遭遇できない人がいる。修士課程のときの指導教員の先生に「君には動物運がある」と言われたその一言を信じ、私は雨に打たれ、風に吹かれ、小さな虫たちの襲撃に耐えて森の中でサルの観察を続けた。そのおかげで、南米ではジャガーがクモザルというサルを襲撃した瞬間を、そしてボルネオ島では、ウンピョウがテングザルを捕獲した瞬間を奇跡的に目撃することができた。そして、その観察は私の人生初の科学論文となった（Matsuda *et al.*, 2008a;2008b）。霊長類の生態・社会の進化において、捕食圧というものが大事であることは古くから議論されてきた。しかし、捕食者が実際にサルを捕獲する現場を目撃したことのある研究者は、ひじょうに限られている。私は一瞬にして決まる動物たちの命のやりとりを目撃し、この捕食という脅威が、いかに動物にとって重要なものであるかを身体で感じとった。私に動物運というものがほんとうにあるのかはわからないが、この観察を通して、霊長類の生態・社会の進化と捕食圧との関係をテングザルで追求するという、この本の中の一つの重要なテーマに出会ったのだ。

さっきまで激しかった嵐が収まり、太陽が西に傾きかかるとテングザルは、いつもの泊まり場としている川岸へと移動して行く。空が夕焼けで赤く染まる頃には、ほとんどの個体が眠りにつく。私も川岸に停めてあるボートに乗り込み、最後の一頭が眠りにつくのを確認して帰路に着く。ボートに心地よく揺られながら、一年半をすごすことになった村に近づくにつれ、イスラムの経典であるコーランが聞こえてくる。すでにさっきまでの辛かった自然の脅威のことなどすっかり忘れている。そして日が落ちて、満天の星空を眺めながら川で水浴びをし、明日はいったいどんな発見があるのだろうかとわくわくするのだ。

この本では、私が博士課程在学中に、一年半の間滞在したボルネオ島の森で発見した、テングザルの興味深い生態・社会を中心に話を進めたい。また何の基盤もない土地へ単身で渡り、そこで現地の調査助手を雇用し、小さな村ですごした、楽しくも辛い体験談も話していきたい。この本を通して、遠い国の、知らない・奇妙な動物であったテングザルに少しでも関心を抱いてもらい、森林伐採、プランテーションの拡張などで本種が置かれている危機的な状況について、私たちに何ができるかを少しでも多くの人に考えてもらえればと願う。またこの本を読み、フィールドの魅力を感じ、実際にフィールドへ飛び出してくれる若者がいればとても嬉しい。

目次

第1章
サル研究との出会い ―サルの棲む森へ―

人生の転機／霊長類学者をめざす

私は静岡県で産まれたが、幼稚園にあがるまでは兵庫県尼崎市で育った。自然というにはほど遠い生活場所ではあったが、両親に連れられて武庫川の河川敷を自転車で走ったり、近所の小さな田んぼでオタマジャクシを探したりと、それなりに生き物が好きな子どもであった気がする。その後、再び静岡県の袋井市という場所に引っ越し、高校生までそこですごした。袋井市に移ってからは、生活が一変した。父親の仕事の関係で、牧場をもつ広大な敷地内にある家での、自然に囲まれた生活が始まった。小学校ではひたすらカブトムシやクワガタ、ドジョウやサワガニの採集に明け暮れた。スポーツも好きだったが、どうにも根性というものがなくて、厳しい練習、上下関係、叱咤（恐らく激励もあったのだろう）に嫌気がさして、中学、高校時代は報道部、百人一首部という練習や先輩後輩関係とは無縁のひっそりとしたクラブに所属して平和な日々をすごした。

一年浪人してなんとか同志社大学の工学部に入学したものの、大学合格が勉強の終了を意味していた私は、難解な化学の授業についていけずに、ほとんどの授業は欠席し、アルバイトに精を出したり、朝まで飲み歩いたりと、とくに目的というものもなく毎日遊びほうけていた。考えることといえば、女の子かバイクのことくらいで、将来の展望など微塵ももたないおバカ学生そのものだった。そんな調子だったので、大学の成績は酷いものであった。大学四回生になって、いよいよ研究室への配属という時期になっても、成績の悪い私は自身の希望通りの研究室を選べるという立場にはなかった。成績順に希望研究室への配属が決まるため、希望者の少なかった、当時もっとも厳しいと噂されていた無機化学研究室への配属が決まった。噂どおりこの研究室は、朝の九時から夕方十七時までの厳しい拘束時間があった。そこではモリブテンという物質をおもに使って、セラミックスの生成をおこなった。時間というものに縛られることのない自由な生活をおくっていた私だが、卒業に必要な単位をもらうために生活習慣を改めざるを得なかった。しかし、思いのほかコツコツとセラミックスを焼くこの作業を気に入ってしまった。

研究室に配属されて、その後の進路も真剣に考えなくてはならない時期になった。じつはそのときまで、ふつうの会社に就職するいがいに、大学院への進学という選択肢があることすら知らなかった。しかし単純なもので、規律の厳しい研究室に配属され、そこで厳しく指導された結果、なんだかまじめに勉強してみるのも悪くないという気持ちが芽生えた。私が研究者をめざそうと決めた一端となった、この無機化学研究室への配属はひじょうに大きな人生の分岐点であったと今では思う。セラミックスを焼く生活はそれほど苦ではなかったけれど、高校のときは化学よりも生物の方が得意だった。そこで、どうせなら大学院に進学して生物系の研究をしたいと思うようになった。そして当時、同志社大学大学院の工学研究科の中でも、数理環境科学専攻では生物の研究ができるらしいことを突き止めた。最初は水生昆虫を研究されていた井上泰江先生(当時、同志社大学講師)に話を伺い、実際に奈良の山奥に水生昆虫の採集に連れて行ってもらった。つぎに話を伺ったのが、コロンビアのアマゾン森林でウーリーモンキーやクモザルの研究をされていた西邨顕達先生(当時、同志社大学教授)であった。西邨先生から調査のようすや現地での生活を聞くうちに、まだ見ぬ秘境アマゾンにすっかり魅了されてしまった。きわめつきは先生が言われた「水生昆虫のような小さな動物を研究しておもしろいのか？もっと目に見える大きな生き物、〝サル〟の研究のほうが夢があるし、おもしろいに決まっとる！」というなんとも、今思えばむちゃくちゃで一方的な発言で私はアマゾンに行くことを決意してしまったのだ（もちろん、水生昆虫の研究もすばらしい研究です）。

アマゾンでの研究

アマゾンでサルを研究すると決めても、まずは大学院入試に合格しなければ話にならない。今までの不勉強のせいで、私の知識は大学受験のときのままでほぼ止まっていた。そのため、大学院入試のための勉強を人一倍頑張らねばならなかった。無機化学の実験をするかたわら、図書室で毎日コツコツ勉強した。「環境問題」に関する本もこのとき初めて読んだ。そして合格が決まった夏以降は、アマゾンに行くための資金を調達するために、夕方から明け方近くまで京都・木屋町でのアルバイトを開始した。深夜四時くらいに帰宅して、数時間だけ寝てから無機化学の研究室に行くという生活だった。体力的にはきつかったが、なにせ時給が良かった。ある程度の資金が貯まり、アルバイトもやめて卒論を仕上げると、卒業式にも出席しないで、西郁先生と憧れのアマゾンへと出発したのだった。

初めて降り立った南米の地は、コロンビアの首都であるボゴタである。街の標高が高いため（約二六〇〇メートル）、赤道直下であるにもかかわらず夜間は寒いほどで、とても乾燥していてすごしやす

写真1・1　人生初のフィールド調査．指導教員であった西邨顕達先生（当時，同志社大学教授）と，ボートにて調査基地をめざす．

かった。なんだか私が思っていた熱帯とは違っていて、少し拍子抜けしたのを覚えている。しかしさすがはコーヒーの名産地だけあって、小さな街のコーヒーショップでも美味しいコーヒーが飲めたのには感激した。

ボゴタの街から一週間くらいをかけて、オリノコ川の支流ドゥダ川右岸にあるマカレナ調査地に入る。この調査地は当時、宮城教育大学の教授であった伊沢紘生先生によって開拓された、南米の霊長類の生態・社会を研究することができる貴重な調査基地であった。ボゴタを一歩出ると湿度は急激に高くなり、蒸し暑くなる。やはりここは、赤道直下の国なのだと思い知らされる。調査キャンプ地にもっとも近いマカレナという村までは、バスや飛行機を乗り継いで行くが、そこからはボートを使っての旅となる（写真1・1）。川の水位の状況によっては、急流地帯は船から降りて、森の中を歩いて先へ進まなくてはならないし、天候によっては川沿いに点々とある開けた場所にハンモックを吊って、一晩をすごさなくてはならないこともある。上手くいけばマカレナの村を朝出発して、夕方遅くに調査基地に到着できるが、下手をすれば3日ほどかかる場合もある辺境の地であった。マカレナのキャンプ地は、川から数百メートル離れた森の中にある（写真1・2）。森の中は街と違って湿気がひどくて、洗濯物はいつも半乾きで少し臭う。もちろん水道水などはなくて、飲み水には雨水を集めて利用し、シャワーの代わりに川で水浴びをする。私が滞在していたときは、発電機が壊れていて、電気が使えた日は数えるほどで、夜はロウソクを使ってすごすのが通常であった。都会の生活に慣れていた私にとっては、「調査基地」といっても壁すらないその基地は、お世辞にも快適な建物とはいえない代物であった。また、森に入ればダニに体のあちこちを噛まれ、ときには翌日になって、血をいっぱいに吸って膨れ上がったダニが指の間にいることを発見して、背筋がゾクッとしたものである。もちろん、蚊も半端なく多い。食べるものもピラニアのフライ、一メートル以上もあるナマズのスープなど、日本ではまず食べることのないものを食べて毎日をすごした。こんな生活ではあったけれど、大学四年間をたいした目標もなくダラダラとすごしていた私にと

写真1・2　コロンビア共和国の調査基地（マカレナ生態学研究センター）．1977年より断続的に調査がおこなわれ，1986年から本格的な新世界ザルの研究が開始された．伊沢紘生先生（当時，宮城教育大学教授）によって開拓・設立された．手前に見える建物の中は，小さな部屋に仕切られており，私はそこで寝泊りをした．寝るときいがいは，基本的には奥にある食堂ですごした．

写真1・3　調査基地での夕食のようす．電気がないために，冷えたビールなどは飲むことができない．それでも，生ぬるいビールは最高のご馳走であった．食事の後は，地酒であるアグアルディエンテを飲みながら皆で歓談するのが日課であった．

っては、何もかもが新鮮で楽しかった。そして無心で朝から晩まで森でサルを追い掛け回し、調査基地に戻って飲むビールとアグアルディエンテ（Aguardiente）という地酒は格別であった（写真1・3）。

私が調査対象としたのは、体重が一〇キログラムほどあるクモザルと呼ばれるサルであった（写真1・4）。南米に棲息するサルは、新世界ザルと呼ばれる。その中でもクモザル、ウーリーモンキー、ムリキといった新世界ザルの中でも大型のサルが属する、クモザル亜科と呼ばれる分類群のサルには、尾紋と呼ばれるものが尻尾にある。彼らは四肢以外にも尻尾を使って木にぶら下がったり、物を掴んだりすることができる器用なサルである。調査の指導をして頂いた西邨先生に教わったのは、どんなことがあっても言い訳せずに朝から森に入り、サルを観察するということであっ

写真1・4　クモザルは，四肢に加えて，尻尾を自在に使って，木々にぶら下がることができる（撮影：西邨顕達）.

た。調査地に入った初めの一週間くらいは、西邨先生といっしょに調査基地を基点に作られているトレイルを歩いた。そして鉈（現地の言葉でマチェテ）の使い方、植物、クモザルの個体をどのように識別するのかといった基本的なことを教わった。日本のサル学（霊長類学）の得意技の一つが、サルの個体識別である。各サルの特徴を観察して、一個体ずつに名前をつけ識別するのである。そんなことが本当に可能なのかと思ったが、実際にサルのどの部分にそれぞれの個体の特徴がでやすいのかといったことを教われば、誰にでもできる作業であった。一度サルの特徴と名前を覚えてしまうと、そのサルに愛着がわき、サルを観察していても格段におもしろい。早朝、研究対象としているクモザルに森の中で出会ったときには、思わず「ブエノスディアス」（スペイン語で、「おはよう」の意味）と挨拶をしてしまうくらいに親近感がわくのだ。順調にサルを識別して、行動データを収集していたのだが、残念ながらコロンビア共和国の情勢不安が原因で、たった二度の渡航で合計五ヵ月間にも満たない程度の調査しかおこなえなかった。しかし、この調査で私が得たものはひじょうに大きかった。こんなに何もないところでも人間は生きていけるのだということを肌で教わったし、フィールドにいるときは、徹底的に森でサルの観察をすることの大切さを学んだ。霊長類学を興した、まさに先駆者たちにとってはごく当たり前のことなのだろうが、この経験がなければボルネオ島に渡り、単身でテングザルの研究を成し遂げることは到底できなかっただろう。

いざボルネオ島へ

なんとか収集したデータを使って、クモザルの生態・社会に関する修士論文を書き上げた私は、博士課程に進んでもっと深く霊長類の生態・社会の研究をしようと決意していた。しかし私が所属していた同志社大学の研究室では、当時は博士課程自体がなかったために、他の大学の博士課程へ編入をしなくてはならなかった。霊長類の研究といえば、京都大学の名がまずあげられる。私は京都大学霊長類研究所の先生方に入学の可能性についてメールで尋ねてみたが、その回答はどれも受け入れは難しいという内容だった。とくに博士課程からの入学というのは、当時はあまり一般的ではなかったようで、もう一度、修士課程からの入学を勧められた。せっかく修了したばかりの修士課程に再び入学するなんて、とんでもなく無駄なことのように思えたので、私は博士課程からでも入学させてくれる他の大学を探すより道はなかった。とはいえ、当時の私はどうやって受け入れてもらえる研究室を探したらよいのか途方にくれていた。そんなとき、偶然にもNHKの自然番組でテングザルに関する番組が放送されるのを見た。今まで見たこともないような変てこな顔、そして太鼓腹の奇妙なサルが（写真1・5）、突然二〇メートルはあろう木の上から次々と川にジャンプして、泳いで川を渡って行く姿に度肝を抜かれた。そしてそのサルの名がテングザルだということ、ボルネオ島のジャングルに棲息していて、あまり研究されていないサルであることを初

写真1・5　テングザルは，霊長類の中のコロブス亜科に属し，ボルネオ島の固有種である．写真のような長い鼻は，オトナのオスのみに見られる特徴である．日本では過去に，日本モンキーセンターで飼育されていたこともあるが，現在では，横浜ズーラシア動物園でのみ飼育されている．

めて知った。さらに衝撃だったのが、そのテングザルの研究をしていたのが北海道大学に所属する日本人の研究者であったことだ。霊長類の研究といえば京都大学だと思っていた私にとっては、まさに救世主が現れたようであった。その当時テングザルの研究をされていたのは、北海大学地球環境科学研究科・環境情報医学講座に在籍していた村井勅裕氏であった。早速インターネットで村井さんを検索して、メールを送った。そして村井さんと同じ研究室に入学したいこと、それもテングザルの生態を研究したいことを伝えた。村井さんは、とても親切に彼の所属していた研究室の教員(東 正剛教授)を紹介してくれて、私のことを推薦してくれた。面接に加え、英語の筆記試験という高い壁があったが、また直前の猛勉強でなんとか通過し、二〇〇四年四月に北海道大学の博士課程に入学することができたのだ。

札幌への引越しも終わり、北海道での生活に慣れて、ようやく生活が落ち着いた初夏の頃であった。まずは本格的な調査をはじめる前に、ボルネオ島のようすを見に行き、そのついでに調査許可証の取得手続きをしてはどうだろうかという話になった。博士課程を修了した村井さんの案内で、二〇〇四年七月に初めて念願のボルネオ島の土を踏むことができた。私がサルの研究のことなど微塵も考えていなかった一九九八年から、およそ三年間にわたってテングザルの社会と繁殖行動の研究をしていた村井さんの調査地(ボルネオ島の北東部、マレーシア・サバ州を流れるキナバタンガン川支流)を訪れた。わずか四日ほどの現地滞在で、ボートからテングザルを観察しただけではあったが、この森ならばテングザルを追跡し、その未知なる生態を明らかにできるという根拠のない強い確信をもったのを覚えている。

帰国した後は、調査許可がおりるのをじっと待つ日々が続いた。北海道の夏は短い。八月後半になると本州の秋のように涼しくなり、あっという間に冬へと季節は移っていった。話には聞いていたのだが、なかなか調査許可証はおりなかった。日本から度々、現地の政府に電話をして許可証の催促もした。英語をろくに話せなかった私は、同じ研究室に所属していた帰国子女で同期の池田隆美くんに、私の代わりに何度か電話をしてもらったのを今でも覚えている。結局、許可証が降りたのは、二〇〇四年十二月の中旬のことであった。許可証がおりたとの手紙を受け取るとすぐさま、アパートの荷物をすべて実家に送り、マレーシアへの片道切符を購入した。これは、まともなテングザルのデータが集まるまでは、帰国しないという強い気持ちをもつための、自身への決意でもあったと思う。

二〇〇五年一月中旬、重いトランクケースとでっかいリュックを背負って、マレーシアに向かって出発した。まずは正式な調査許可証を受け取るために、マレー半島、クアラルンプールにある経済企画局(EPU:Economic Planning Unit)を訪れた。右も左もわからない海外で、ガイドブックを片手に重々しい政府の庁舎にたどり着き、たどたどしい英語でなんとか許可証を取得した。そして、ボルネオ島マレーシア領のサバ州の州都であるコタ・キナバルへと移動した。そこでもやらなければならない大変な仕事があった。それは、調査用の長期ビザの取得である。現地のカウンターパート(現地の受入機関)である野生生物局などから必要書類をなんとか集めて、移民局へ提出してビザの取得をした。こう書くといとも簡単に物事が進んだように聞こえるが、実際には何度も何度も粘り強く政府の事務所を訪れ書類を集め、毎日朝早くから何時間も移民局の長い列に並んでやっと手にすることができた大変な作業であった。日本とは違い、一つの工程にものすごく時間がかかる。想像はしていたが待つことしかできない間に時間だけがすぎていく。結局テングザルの調査地として考えていた、スカウ村にもっとも近い街であるサンダカンに到着したときには、日本を出発してから三週間以上がすぎていた。

サンダカンの街に着いて、前回訪れたときのわずかな記憶を頼りに、早速スカウ行きの村バスが停車している場所を探すことにした。当時サンダカンとスカウ村の間に正式な許可証を取得したバスはなく、村人が無許可でやっているワゴン車の村バスを探し当てるのは至難の業であった。さまざまな方向へ向かうバスのひしめくエリアを歩き回り、身振り手振りでいろいろな人に話を聞き、ようやくスカウ行きのバスを見つけることができた。なんとか値段の交渉をして、重い荷物をバスにのせてスカウに向けて出発できたのは、サンダカンに到着してから二日後のことであった。バスに乗ってほっとしたのもつかの間、おんぼろワゴンのタイヤが外れて、あわや大事故に巻き込まれかけたりしながらも、なんとかスカウに到着できた。そしてなぜか約束した料金の五倍ほどの額を要求されるという、村人による厳しい洗礼を受けたのだ。

コラム　スカウのバス事情

私が調査を開始した当初（二〇〇五年）は、スカウとサンダカンを結ぶ正式な直行バスというものはなかった。村人が許可証なしで運行している、ワゴン形のいわゆるミニ・バスに乗ってスカウへ行くのがふつうであった。サンダカンとスカウは、距離にしておよそ一四〇キロメートルくらいである。ミニ・バスは朝の六時～六時半の間にスカウを出発して、道路の状態にもよるが三～四時間ほどでサンダカンに到着する。そして、十二時半くらいにまたスカウに向かってサンダカンを出発するというのが、日課である。サンダカンから伸びるメインロードは、アスファルトが敷かれているのだが、そのメインロードから反れた場所に位置するスカウへ行くには、未舗装道路を通らなくてはならない。この未舗装道路は、約三〇キロメートルほどなのだが、冷房の効かないおんぼろバスは、窓を全開にして走り抜ける。そのため、スカウに着くころには髪の毛は舞い上がった砂埃で真っ白になって

写真1　サンダカン−スカウ間のミニ・バス内のようす．時には，座席数以上の人が乗り込んだ超満員の状態で，３～４時間あまりの道のりを耐えなくてはならない．

写真2　2006年3月の大雨で道路の泥濘が増し，収穫したアブラヤシの実を運ぶ大型トラックと，大型バスが泥にタイヤを取られて立ち往生しているところ（写真上）．しかし，現在はすべての道がアスファルトになり，大雨が降っても大渋滞が起こることはない（写真下）．

写真3　いつも私が利用するミニ・バスの運転手のナジム．サンダカン−スカウ間を運行するための，正式な許可証を取得したミニ・バス第一号である．スカウに向かう途中のガソリンスタンドにて．

しまうのが常であった。また未舗装道路はそこらじゅう穴だらけの道で、車内の天井に頭をぶつけそうになるくらい揺れる。村からサンダカンにつくまでに、積荷のプラスチックガソリンタンクから漏れたガソリン臭が立ち込め、同乗した村の子どもが揺れに耐えきれずに吐くというのがいつもの光景になっていた（写真1）。また、「道路の状態」と書いたがこれは交通渋滞のことではない。この未舗装区間が雨などにより泥濘（ぬかるみ）がひどくなると、プランテーションで働く大型トラックや乗用車などが泥にタイヤを取られて立ち往生することがある。このトラックや車がなんとか泥濘から抜け出せない限りは、私たちのバスも通過できないのである。ひどいときには、三〇キロメートル程度の道を行くのに三時間もかかったことがあった（写真2）。

月日が流れ、現在ではその未舗装道路もアスファルトになっている。あれだけ苦労して通過した道も、今ではものの三〇分で通過できてしまうほどだ。また正式な許可証をもったミニ・バスも今では二、三運行している。比較的新しい型のミニ・バスもあり、冷房が効くためになんとも快適なサンダカン―スカウの旅となったが、どこか物足りない寂しい気もする。

サンダカン―スカウのミニ・バスの料金は二〇〇五年当初、外国人が二〇リンギット（一リンギットは約三〇円）で、現地人が十五リンギットであったが、毎年のように値段が上がり、現在（二〇一一年）では外国人三五～四〇リンギット（バスによって値段が異なる）、現地人二〇リンギットとなっている。私が村人の洗礼を受けた金額は、荷物の分も含めてということで一人一〇〇リンギットであったのだが…。

私は、二〇〇五年一〇月くらいから今に至るまで、同じバス運転手をいつも利用している。携帯電話の使えなかった当時は、人に伝言をお願いしてバスの予約をしていたが、携帯電話がどこでも使えるようになった現在では前日に電話で予約をして、朝にはスカウの宿泊地、またはサンダカンのホテルまで迎えに来てもらえる仲である（写真3）。また、サンダカンからスカウへ戻る道中にもいろいろと融通を利かせてくれて、スーパーマーケットによってくれたりする。私と同じ歳で気のいい男なのでよくいっしょに飯も食べる。便利になった現在だが、やはり大事なのは人と人との繋がりなのかもしれない。

ことばの壁を乗り越えて①

私は海外で研究をするようになるまで英語が大嫌いだったし、英語の日常生活での必要性をまったく感じたことがなかった。ところがマレーシアで研究をすることになって、調査許可証の申請などで訪れる政府関係のオフィスでは、ほぼ一〇〇パーセントの人が流暢に英語を話し、英語を話せて当たり前といった雰囲気である。マレーシアに行った当初の私の英語の能力はといえば、ホテルの予約もまともにできないレベルであった。あるとき政府関係のオフィスを訪れた際、英語が話せずアタフタしていた私は、政府の人に「英語が話せない研究者などがいるのか。英語もろくに話せない研究者では話にならない!」と、厳しく非難されて落ち込んだことがあった。マレーシアでは、英語を話せることはそれほど特別なことではない。小さな村であっても、観光客がそれなりに訪れる地域であれば、かなりの数の村人が英語を話すことができる。実際に私の調査をしているスカウという村は、年間に相当な数の観光客がテングザルなどの野生動物を観察しに訪れる。そのため多くの村人は英語を話せるし、私が最初に雇った現地の調査助手たちもかなり流暢な英語を話せた。

三ヵ月間ほどは、私はこの英語の壁に相当に苦しんだ。調査助手との会話が成り立たないのだ。とにかくいろいろな人の会話をじっと聞いて、それを真似するという日々が続いた。そうしてある日、突然に相手が何を話しているのか理解できるようになったのだ。ほんとうに不思議なもので、英語の能力というのは突然に上達するようである。その後は、マレーシアでの研究中はもちろん、国際学会などで英語を使う回数が増え、得意とまではいかないが、なんとか会話ができる程度にまでなった。

しかし英語が通じるようになると、せっかくマレーシアにいてもマレー語を覚える機会がほとんどない。私が初めてまともにマレー語を勉強しようと思ったのは、つい最近の二〇〇九年からだ。きっかけは、調査助手を新たに雇用しなくてはならず、その調査助手が英語を話せなかったからだ。

真偽のほどはわからないが、マレー人曰く、マレー語は世界でもっとも簡単な言語らしい。確かに時制をあまり気にしなくてよかったりと、シンプルな言語ではあるように思う。とにもかくにも私はよく使う単語を必死で覚えて、その単語をつないで話すことで、なんとか会話が通じる程度のマレー語の能力も身につけることができた。現在では、現地の人たちとはマレー語で会話が楽しめるようになってきた。

海外で研究をするうえで、語学は確かに大事である。しかし英語が話せない、または現地の言葉が話せないからといってビビることはない。人間は切羽詰れば、なんとか習得できる生き物のようである。海外調査において大切なのは、思い切りと度胸なのだと思う。

ことばの壁を乗り越えて②

マレーシアにておいて英語が上達したのは、じつは研究とまったく関係のない経験からであった。調査地に着いてほどなくして、現地の村で活躍するＮＧＯの指導者であるフランス人のイザベルさんのたっての頼

写真　スカウ村から日本に連れて帰った猫．その名も「秀吉」．これは，豊臣秀吉のあだ名が「サル」であったことを意識して名づけた．現在も日本のわが家で元気に暮らしている．

みで、子猫を貰うことになってしまった。私はもともと犬好きの犬派だったのだが、この猫と一緒に生活しているうちに愛着がわき、調査終了後の猫の行き先を心配するようになった。猫用のキャットフードを与えられ、ノミとり薬により快適に暮らし、猫砂がないとトイレもできないような、ザ・家猫になってしまったので、このままこの村に置いて帰国してはとうてい村での厳しい競争には勝てずに、飢えて死んでしまうと思ったのだ。そこで、猫をマレーシアからもち出す手続きを調べだした。その過程はなかなか複雑で、政府機関である獣医局で注射をしてもらったり、書類を書いてもらう必要があった。それもサバ州の獣医局だけでなく、半島のクアラルンプールの獣医局にもお願いしないといけないことがいっぱいあったのだ。たまたまなのかもしれないが、マレーシアで出会った獣医師はほとんどがインド系であり、彼らに共通しているのが半端なく早口な英語であった。面と向って話をしているときはまだなんとか理解できても、電話での会話となると初めはお手上げであった。しかし可愛い猫のため、必死で交渉し、英語を理解しようとしたおかげで、その早口英語を聞きとれるようにまで上達することができた。ちなみにその猫はまだ日本のわが家で元気に生活しており、冬になると冬毛に生え変わるという適応力だ。私の英語の上達を支えたのは、何を隠そう家族一のグーたらであるこの猫なのである（写真）

海外研究と研究費

大学の研究と聞くと、必ず研究費が大学から支給されて、それを使って研究できると考えている人も多いかもしれないが、こういった研究費事情は大学や各研究室によって大きく異なる。確かに潤沢な研究費をもっている研究室の学生は、海外への渡航費や滞在費、そして調査用具、はては学会の参加費まで至れり尽くせりなほどに研究費が支給される。しかし多くの学生を抱えている研究室や、研究費を獲得している研究室の教授の専門分野と異なる分野を研究する学生には、かなり限られた研究費しか支給されないのが現実である。研究室を選ぶときにはこういった事情も考えるべきなのだが、なにぶん当時の私ときたらこういった知識に疎かった。私が所属した研究室は、どこで何を研究しても良いという自由な方針であったために、多数の修士、博士の学生を抱えていた。つまり私が使える研究費というのは、きわめて限られている状態であった。それでも指導教員の東先生は、海外へ単身で向かう私に、当時最新で高価だったＧＰＳと、降雨量や気温を計測するための道具を購入してくれた。しかし現地への渡航費、調査に必要なボートやそのエンジンの購入費、現地の調査助手の給料、その他もろもろの必要経費までは貰えず、それらすべては私の育英会からの奨学金で補っていた。マレーシアの物価は日本に比べれば確かに安いのだが、それでも毎月一〇万円ほどの奨学金はすべて現地での研究の必要経費として消えていった。当時の私は、私個人のお金を使って研究するということにあまり大きな疑問をもたなかったのだが、これはこういった研究費事情に疎かったことと、自身のお金を使ってでもまだ見ぬ地へ行って新しい発見をすることに憧れていたからだった。今に至るまで、このときに借りた多額の奨学金の返済を毎月しており、向こう何十年かはこの返済が続くようである……

第2章
テングザルの知られざる生態

テングザルの棲む森

テングザルのもっとも変わっている行動は何かと聞かれれば、それは必ず川沿い、または海沿いの木の上で眠るということだろう。確かに熱帯アジアに広く棲息しているカニクイザルや、アフリカ大陸の一部の地域に棲息しているタラポアン（コビトグエノン）も川沿いの木を泊まり場として好むとされる。しかし、テングザルほど厳格に水辺という環境に執着する種は他にはいないだろう。だがテングザルがこのような水辺付近の森を好むという特徴をもつために、その研究が大幅に遅れてきたともいえる。なぜなら熱帯の森の川沿い、海辺には泥炭湿地林、マングローブ林と呼ばれる森が広がり、そのような森は通常は泥濘がひどくて、森の中を研究者が自由に歩いてサルを観察することがひじょうに困難な環境だからである。事実、私はマングローブ林を歩いてみようと試みたが、船から降りたとたんに足は腿まで泥に埋まり身動きがとれずに、調査助手に助けられたことがあった。

テングザルの川辺を好むという行動を逆に利用して、これまでの研究は、ボートからテングザルが川沿いの木にいる間の行動を観察するというのが主流であった。つまり夕方にテングザルが泊まり場を求めて川沿いに出てくる時間帯と、朝方テングザルが川沿いで目覚め、そして森の中へと消えてしまうまでの数時間をボートから観察するのである。しかしこのようなボートからという限られた場所、そして朝夕という限られた時間帯だけの行動観察では、テングザルがもっとも多くの時間をすごす日中の森の中での生態の情報を欠いた不十分な結果しか得られない。言い換えれば、今までテングザルが川から離れた森の中で何を食べ、どのように移動しているのかまったくの謎だったのである。

しかし私は、水辺の森の中でも唯一森の中を比較的自由に動き回れる森があることを知った。それは川辺林と呼ばれる植生で、マングローブ林などの広がる汽水域（海水と淡水の混ざりあう水域）よりもさらに上流の淡水域に広がる森である。確かに大量の雨が降った後は、この川辺林でも泥濘がきつくなり足をとられて歩きにくく、長靴の中にまで泥が入ってくることもある。また毎年二ヵ月程度は、洪水によって森全体が浸水して調査が困難なときもある。しかしマングローブ林や泥炭湿地林に比べれば、はるかに自由に森の中を動け、テングザルの観察がおこなえる。私はこの川辺林という植生に着目して、そこに棲息するテングザルを研究することにしたのだ（写真２・１）

写真２・１　川辺林の外観（写真上），乾燥したときの川辺林の内部（写真中），雨が続いたときの川辺林の内部の状況（写真下）．

調査開始までの苦悩

テングザルは毎晩のように川沿いの木に戻ってきては、そこで一晩をすごす。このちょっと変わった習性に対応するための、テングザル研究の必須アイテムの一つがボートである。私の場合、調査地に初めて入るときには、先に研究していた先輩の村井さんが村に残したボートとエンジンを使用できることになっていた。しかし実際に調査地に着いてみると、村井さんがボートの管理をお願いした人の行方がわからなくなっていたのだ。もちろんボートも一緒に消えていた。ようやく当人を探し当てたのだが、ボートとエンジンは盗まれたという、なんともしっくりこない回答だった。のらりくらりと答えるようすを見て、それまでに村ですごしている間にいろいろと騙されてきた経験から、これは何か怪しいとピンときた。そこで、本当は必要ないのだが、盗まれたのならば警察に盗難証明書の発行を依頼して、それを大学に提出しなくてはならないとおどかしてやると、まだ自身がボートとエンジンを持っていることをあっさりと白状したのだった。しかしようやく返却してもらったエンジンは壊れて動かない、そしてファイバーグラスのボートには亀裂が入っていて使えないといった状態であった。エンジンはサンダカンに持って行き修理をお願いしてなんとか動くようになったが、ボートの方は、新しく注文して購入せざるを得なかった。こういった状況により実際にテングザルをこの目で見ることができたのは、調査地であるスカウ村に到着してから、およそ二ヵ月後になってからのことであった。

困難が待ち受けていたのは、ボートのことだけではなかった。家や家具などについても村井さんが以前に使用していたものを当てにしていたのだが、村までたどり着いてみると、三年以上も放置されていた家具などはすべて傷んで処分されていたし、家の権利もすでに別の人のものになっていたのだ。つまり、住むところがなくなっていたのだ。現地のNGOの助けにより、なんとか森林局の利用していない家を無料で貸してもらえることになったのだが、入り口の戸には鍵がなく、家の中は埃にまみれ、虫たちの天国になっている。そして壁はカビで真っ黒、とても生活できるような状態ではなかった。私たちは、翌日からその家に通い掃除を開始した。床を拭き、壁を磨き、割れたガラスを買いに三時間以上もミニ・バスに揺られ街に行ったりもした。ぼろぼろの床には、街で買った道具を使って自分たちでニスを塗りなおしたり

写真2・2　調査基地の外観（上）と内部（中）．調査基地の裏にあるのが，雨水を貯めているタンク（下）．このタンクに貯まった雨水が，私たちの唯一の飲み水であり，料理などにも利用できる貴重な水であった．水を節約するために，トイレを流すときは，家の前を流れるキナバタンガン川から，その都度，水を汲んできて使用した．

写真2・3　大小さまざまな動物（写真はキタカササギサイチョウ）が調査基地を訪れて，私たちを楽しませてくれる．

もした。ようやく人が住める状態になり、つぎはいろいろな生活用品の買出しのためにミニ・バスをチャーターして街に何度か通った。気がつけば一ヵ月ほどがすぎていた。腰を据えて調査をするつもりでいた私としては、住むところだけはなんとしても快適にしておきたかった。力を入れて改装したかいがあり、この家はその後の調査を支える拠点としてとても住みやすい調査基地となった（写真2・2）。電気が使えるようになったのはもっと先のことで、テングザルの研究が軌道に乗りだした六月頃であった。ファン（空調）のない家の中は蒸し暑く、冷蔵庫も使えないので食べ物の保存ができない日々が続いたが、ドアを開けると目の前にキナバタンガン川が広がり、家の前の電線にハトやスズメのようにサイチョウがやってきたし（写真2・3）、電気のない中での調理はヘッドライトという文明の利器で問題なくすごした。贅沢かもしれないが、長期に調査をおこなっていこうと思えば、快適な（自分がリラックスできる）調査基地の確保はひじょうに重要なことだと思う。

調査地の植物を調べる

冒頭にも書いたとおり私の調査地はボルネオ島、マレーシア領のサバ州を流れるキナバタンガン川の支流でマナングル川沿いに広がる川辺林である（北緯五度三〇分・東経一一八度三〇分）。霊長類に限らず動物の生態を調査するときには、その動物が棲息する森のことを知る必要がある。なぜならば動物の生態や社会というのは、多くの場合、彼らが棲息する森のさまざまな環境に影響を受けているからである。すでに植物の研究者によってその地域の森の植物種や、開花期、結実期といったフェノロジーが調査されている場所で研究を開始できれば、私のようなサル研究者が分野の異なる植物の調査までする必要はないのだが、残念ながら私の調査地では植物の研究はされていなかった。

そこで私はまず、もっとも基本となる調査地の地図の作成にとりかかった。当時のＧＰＳの精度は今ほど正確ではなかったので、メジャーを使って川の計測をおこなうところから開始した。マナングル川の河口から上流に六キロメートルまでボートで計測をおこない、その区間の右岸、左岸に広がる森を調査地と定めた。つぎにおこなったのは、トレイルと呼んでいる調査路の作成である。調査路といっても、森の中の小さな木や草を鉈で切り払って作った獣道のようなものである。トレイルの作成は歩きにくい森の中

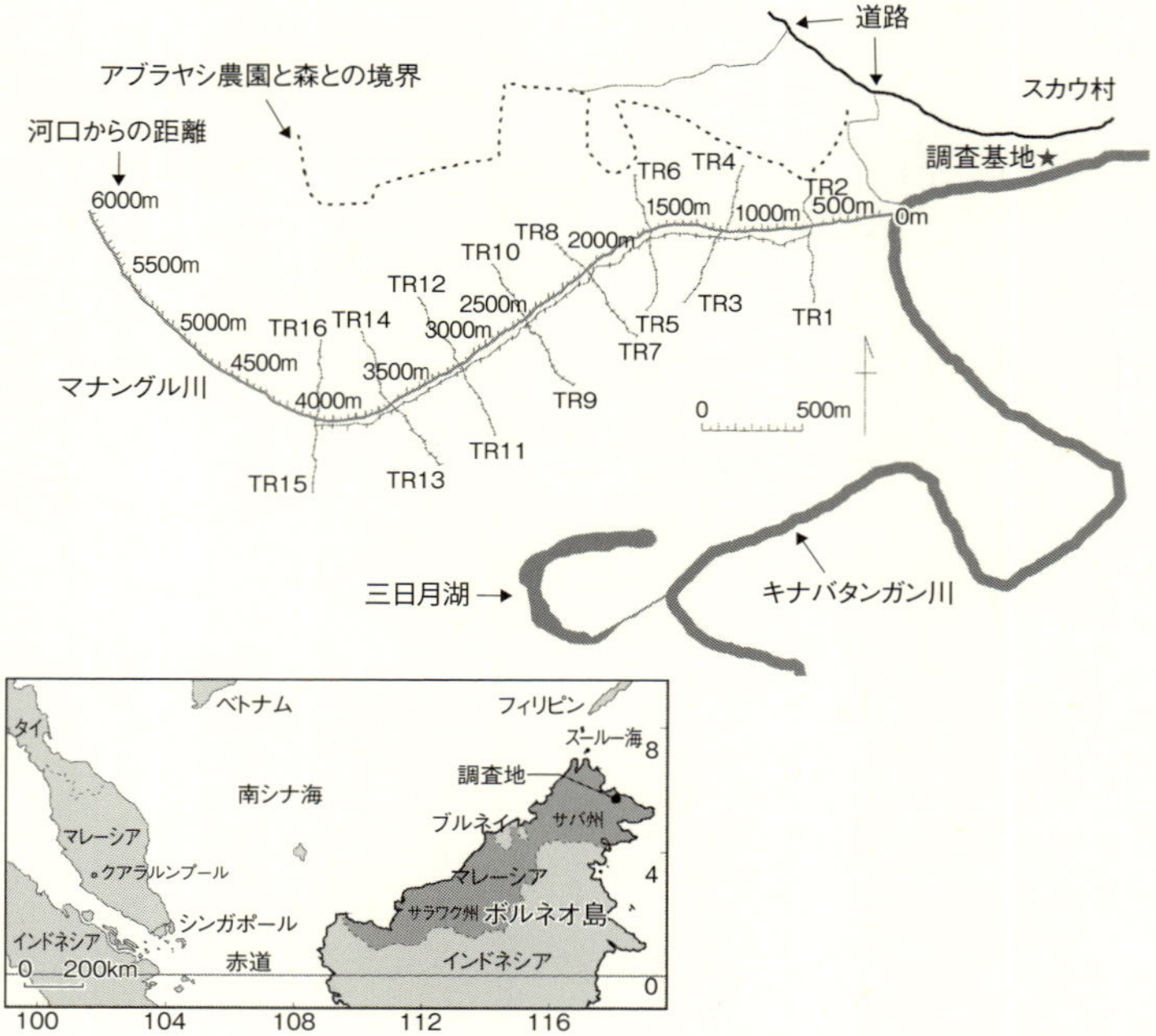

図2・1　調査地図の作成は，調査を開始してまず最初に着手した仕事であった．当時のGPSの精度は，現在のものに比べると良くなく，森の中に入ってしまうとなかなか衛星からの情報を得ることができなかった．このため，GPSに加えて，メジャーとコンパスを使った計測も併用しておこなった．地図中のTR(1～16)の記号は，森の中に作成したトレイルの番号を表している．

写真2・4　トレイルといっても，それほど綺麗に整備されたものではなく，うっかりしていると道を見失うこともある．また，タグを木に取り付けても，サルやゾウなどの好奇心の強い動物によって，よく剥がされてしまい，再び同じ木を探してタグを取り付けるのには苦労した．

でテングザルの追跡が少しでも楽になればという思いと、このトレイルを利用して植生調査をしようと考えたからである。幅一メートル、長さ五〇〇メートルのトレイルを、マナングル川の河口から上流へ四キロメートルの間に、五〇〇メートル間隔で両岸にそれぞれ川に対して垂直になるように作成した。来る日も来る日も現地の助手とともに、林床に生えている小さな植物を切り払いながら合計で一六本のトレイル（TR1−TR16）を三週間ほどかかって作成した。すべてのトレイルを作り終わったときには、手のひらには無数の血豆ができていた。そして、ようやく作成したトレイルをメジャーで計測していき地図に書き加えた（図2・1）。

続いてトレイル沿いの植物調査にとりかかった。一メートル幅のトレイル両端からさらに一メートルずつ、つまり合計三メートルの幅に存在する木と蔓を片っ端から計測するという作業をおこなった。木に関しては胸高直径が一〇センチメートル以上のもの、蔓に関しては直径五センチメートル以上のものが見つかると、番号をふったタグを取り付けていっ

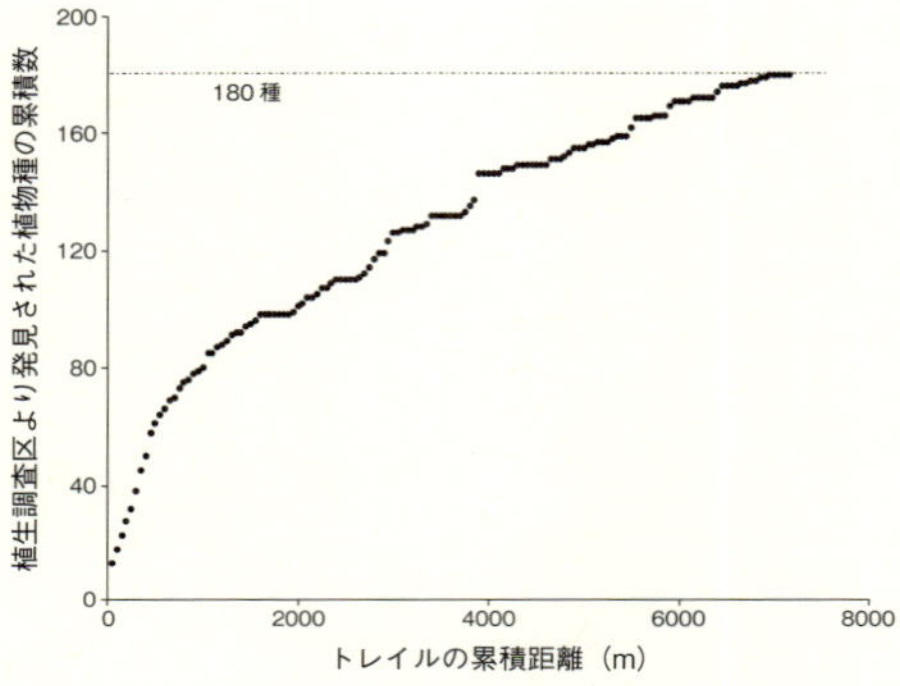

図2・2　植生調査区（合計2.15ha）で見つかった植物種の合計は，180種であった．植生区の最終地点においても，グラフは右上がりを続けているのが良くわかる．私は，これだけの範囲を調べれば調査地内のすべての植物種を網羅することができ，植生区の最終地点に到達する前にグラフは平らになるだろうと予想していた．しかし，それは甘かったのだ．熱帯の森の植物の多様性にはやはり驚かされる．

た(写真2・4)。結局十六本のトレイルで、合計一六四五本の木、四九七本の蔓にタグを取り付けた。そして、サバ州の森林研究所(Forest Research Center)に職員の派遣を要請して、タグを取り付けた植物のすべてを同定してもらった。

タグを付けた合計二一四二本の植物には、一八〇種(四六科一二四属)もの植物種が存在することがわかった。その中でもトウダイグサ科(二六・九パーセント)、マメ科(一〇・八パーセント)、アカネ科(六・八パーセント)、ロフォピクシス科(五・四パーセント)、イイギリ科(五・〇パーセント)が全体の半数以上を占めていた。これほど苦労して調べた植生も、面積にしてみると約二・二ヘクタール程度であり、のちにわかったテングザルの移動範囲の一・五%ほどにすぎない。しかしこのような小さな区画にも関わらず、これほどの多様な植物が生えていることには驚かされる。ためしに横軸にトレイルの累積距離、縦軸に出現した新しい植物種の累積数をとってグラフにしてみると、トレイルの最終地点に至っても多少ながら右上がりの曲線になっていることから、熱帯域の川辺林という植生の多様性の高さが伺える(図2・2)。

トレイルの作成に着手してから二ヵ月あまりたち、ようやくテングザルの棲む森のようすがわかってきた。しかし、これだけでは刻々と変化する森の中で、テングザルの餌となる食物資源がどのように変化しているのかまではわからない。それを調べるために、私は毎月一度、タグを取り付けた二一四二本の植物すべてを訪れて、その植物に葉、花、果実がなっているかどうかなどを確認することにした。単純な作業ではあるが、二一四二本もの植物の状態を毎月チェックするという作業はひどく骨の折れる、そして地味な作業であった。しかし、この餌資源量の調査によって、テングザルの行動が森の中の餌の量にどのように影響を受けているのかを明らかにすることができたのである。

植物の同定

植物の知識がほとんどなかった私は、植物の同定をすべて森林研究センターに依頼した。ところがまったく土地勘のなかった私たちにとってこの作業は、森林研究センターを探し当てるところから始めるという長い道のりであった。スカウの村人やＮＧＯなどに話を聞いて、森林研究センターの中にあるハーバリウムというところを訪ねれば、同定してくれるらしいことを突き止めた。ハーバリウムの責任者であった、John Sugau氏はとても親切な人で、私が研究費というものがほとんどないことを伝えると、通常よりもだいぶ安い金額で職員を派遣してくれることになった。とはいえ派遣職員の日当、宿泊費、交通費を合わせれば、そ

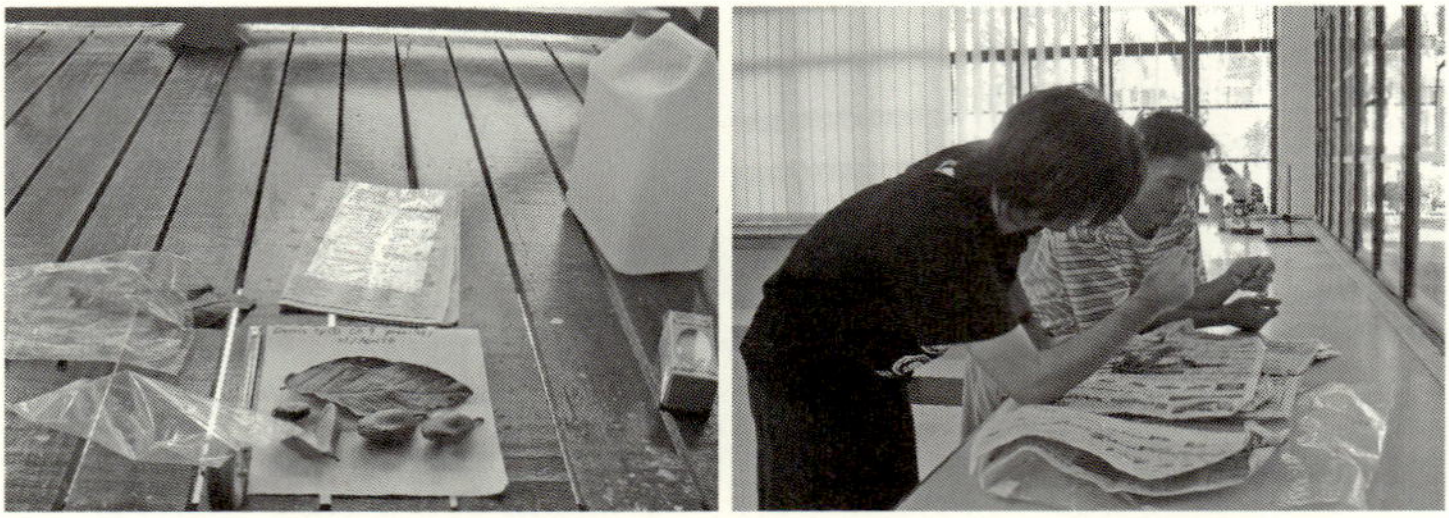

写真1　テングザルを森の中で追跡しているときに，テングザルが食べた植物をすべて収集して，調査基地に戻ってからその標本を作成するというのは，私たちの日課の1つであった．葉は新聞紙に挟み，カビてしまわないように小まめに新聞紙を取り替える必要がある．そして，果実や花については，ビニール袋にアルコールとともに保存していた．1ヵ月に一度だけ街に出るときに，これら大量の標本を森林研究センターに持込み，同定を依頼した．とくに気になった植物については，その同定方法を研究センターの職員の人に，1つひとつ教えてもらった．おかげで現在では，調査地内の主要な植物の同定は私でもできる．

れほど安いとは言えない金額を捻出する必要があった。
　植物の同定はこのとき一度限りでは終わらなかった。テングザルが森の中で毎日食べる植物も、同定しなくてはならない。初めのうちはどれもこれも目新しい植物であり、とうてい名前などわからなかったので、テングザルが食べている木の下に行っては、落ちてくる葉や果実を集め調査基地に持ち帰って標本を作り、月に一度、森林研究センターに持ち込んで同定をお願いした。同定の料金システムはおもしろくて、植物一つにつきどの程度まで詳細に同定できたかで値段が決まっていた。完全に同定ができた場合（種レベルの同定）には、一つ一〇リンギット（およそ三〇〇円）、不完全な場合（科または属レベルの同定）には五リンギット（一五〇円）といった具合だった。私は、ハーバリウムの中でももっとも植物の同定に長けていると噂されていた、Poster Miun氏にすべての同定を依頼した。一ヵ月に一度、まとめて植物の標本を持って行き同定を依頼するのだが、その金額たるやなかなかのものであった。毎月およそ三万円以上は、この植物同定に消えていった。集めた標本の中には、すでに以前に同定してもらっていたものも何度か含まれていた。あとに述べるが、テングザルはおもに若葉を食べることが多く、葉は果実と違って特徴を覚えにくいため、何度も同じ植物種を同定してもらうという状況が続いた。しかしなんとか同定料金を安くしたい一心で、必死で植物を覚え、一つずつ写真に収めていったおかげで今ではかなりの植物の同定・識別ができるようになった(写真1)。森の中の植物の名前がわかるようになると、調査は一層おもしろくなる。森の中を歩いていても珍しい植物などは、森の中での自分の場所を知る目印となる。今まで単なる木の集まりとしか認識できなかった森が、いっきに身近で楽しい場所に変わった(写真2)。

写真2　調査地内の珍しい植物たち.　a) クワ科の *Artocarpus* sp.：調査地内で確認しているのは数本で，どれも30m近い樹高の大木である．テングザルはこの木の果実が好物で，とくに身を割ってその中の種子などを食べる．b) キョウチクトウ科の *Tabernaemontana macrocarpa*：巨大な実をつけるが，テングザルや他の霊長類が食べているのを見たことがない．幹を傷つけると，大量の白い樹液が溢れ出す．c) フトモモ科の *Eugenia* sp.：この種の樹皮はまるで鰹節のようで，簡単に剥きとることができる．唯一テングザルが好んで食べる樹皮．d) マメ科の *Entada rheedei*：強大な豆の実が特徴的．テングザルは食べないが，中の種子はオランウータンの大好物．e) ヤブコウジ科の *Embelia philippinensis*：トゲトゲの蔓．この葉っぱは口に含むと酸っぱい味がして，意外と美味．f) フタバガキ科 *Dipterocarpus validus*：数年に一度だけ果実をつける．この種は伐採の対象となることが多く，果実を実らせるほどの巨大な木は調査地内でも珍しい．

テングザルの個体識別と人付け

霊長類の研究をする学問である「霊長類学」は、戦後すぐの時期に世界に先駆けて日本で誕生し、今でも日本が世界を牽引している学問分野の一つである。霊長類学の創始者である今西錦司をはじめとする京都大学の研究者たちは、野生の霊長類を一頭ずつ個体識別して個体間の交渉、行動を記録するというフィールドワーク（野外調査）をおこなった。しかし当時の国内外の研究者からは、動物の社会を名前のついた個々の個体の行動によって表現するという手法は、動物の行動を擬人的に解釈しているとしてなかなか科学として受け入れられなかったようだ。ところが、近年では野生霊長類の個体識別に基づいた詳細な行動記録は、霊長類の生態・社会を明らかにするもっとも基本的な手法として世界中の多くの研究者が実践している。私も日本の霊長類学者のお家芸といえる、個体識別に基づいた行動観察をテングザルの研究に採用することにした。テングザルの群れの個体を詳細に識別し、行動を記録した研究は今までにないため、きっと何か新しい発見があるはずだと漠然と信じていた。それにこのときの私は、研究者というには経験も知識も乏しく、修士課程のときに教わった、識別した個体の行動をただひたすら記録するという単純な研究方法しか思い浮かばなかったのである。

とにもかくにも研究対象とする群れを決めなくては話にならないので、私は夕方、マナングル川にボートで出かけて、川岸に出てきたテングザルの群れの品定めを開始した。私が論文から得ていた知識のとおり、テングザルはハレム群と呼ぶばれるオトナのオス一頭と、複数頭のオトナのメスとそのコドモたちからなる群れを基本的に形成しているようだった。また、ハレム群に混じって時折、オス個体だけで形成されるオスグループも発見できた。私が研究対象とするのは、テングザルのもっとも基本的な群れの型であるハレム群と決めていた。そこでいくつもあるハレム群の中でオトナ・メスの数が極端に多い、または逆に極端に少ないような例外的な群れではなく、標準的な大きさの群れを選ぶことに集中した。さらにトレイルと植生調査区を設置してある、マナングル川の河口から上流部へ四キロメートルの区間に泊まり場を頻繁に構える群れを研究対象の候補としなければならなかった。一週間ほど毎日マナングル川へ通い、河口から四キロメートルまでの間の川沿いに泊まり場を構えるハレム群は、だいたい十二群ほどいることがわかった。しかし河口付近の群れや、河口から四キロメートル上流部付近に泊まり場を構える群れは、調査区外でも泊まり場を構えることがあるため、調査区内だけを常に泊まり場として利用しているハレム群は十二群よりも実際は少なく、結局、私の求める条件に当てはまりそうな群れは七群ほどであることがわかった。そこで私は、この七つのハレム群をとりあえず追跡してみることにした。

テングザルに関する文献の多くは、テングザルを森の中で追跡することが困難であると述べている。霊長類の行動を観察するときに、個体識別とならんで重要なことは、観察者がサルに近づいてもサルが自然なふるまいをしてくれるまでにサルを人に慣らすことである。霊長類学者はこれを「人付け」と呼ぶが、人付けすることでサルの自然状態での行動を観察でき、また接近してサルの行動を観察できるため、行動データの精度ははるかに高くなる。幸いにも私の調査地には、野生動物をボートから見にくる観光客が多く、なかでも必ず川沿いで見ることができるテングザルは、観光客にも人気が高い。テングザルの方も度々訪れる観光客のボートに慣れているため、私が川からボートで群れに近づいてもあまり気にしない。川から観察している限りは、少なくともすでにテングザルの人付けは完成されているように思われた。ところがひとたび私がボートを降りて、陸地に上がるとテングザルのようすは一転した。ほとんどの群れは叫び声をあげ散り散りに森の奥へと入っていき、あっという間に木の葉の影に隠れてしまう。しばらくすればサルもお腹がすいて動き出すだろうと思い、じっと木の下で待つも、一時間、二時間、さらには五時間以上たっても物音一つしない。待っている方としても、果たしてここにまだテングザルがいるのだろうかといった疑心暗鬼の気持ちに襲われる。もしかすると、さっき風が吹いて枝が揺れた拍子に別の木に移動したのではないだろうか……といった具合で、最後は根負けしてボートで帰るという日々が続いた。

川沿いで観察している限りは容易に行動を記録できても、森に入るとまったくといっていいほど姿が見えなくなる。私はすっかり自信を失い、テングザルを森の中で観察するのはやっぱり無理かもしれないと心の中で諦めながら、サルの追跡をおこなったある日、どうも今までの群れと違った反応をするハレム群に出会った。陸に上がると群れは散り散りになり木の陰に隠れてしまうのだが、三〇分もするとハレムのオスがメスを呼ぶために短い声で「アッ、アッ、アッ」と鳴き声をあげるのだ。オスの鳴き声で、すぐにオスの居場所を双眼鏡で特定することができた。またオスの鳴き声に呼応して、ときどきメスが樹冠でカサカサと動くこともあった。追跡して数時間で、この群れなら追跡できるという確信をもった。そう確信したとおりこの日は、この群れを朝の六時から夕方の十八時半まで連続して追跡することができたのだ。そしてこのチャンスを逃すまいと、それからこの群れを来る日も来る日も朝から晩まで追い続けた。初め

写真2・5　左側がテングザルのオトナ・オスで右側はオトナ・メス．オスの鼻がメスに比べて長いことはもちろんだが，その他にも臀部の模様もオスとメスでは違いが見られる．

のうちはハレムのオス以外は、なかなか近くで観察できなかったが、およそ一ヵ月後には群れのメスをも間近で観察できるようになった。つまりサルが私の存在を意識することなく、生活してくれるようになったのである。今まで二〇〜三〇メートルほどの樹上を神経質に移動していたサルたちが、私が触れることができそうな距離で休憩し、そして採食するようになったときには涙が出そうなくらい嬉しかった。

さて、テングザルの人付けの過程で、私は森の中でただサルの後を付け回していたばかりではなかった。サルを追跡しながらも、機会があればそのサルの特徴をノートに記録してサルの個体識別をおこなった。今までにテングザルの群れを識別した研究はいくつかある。群れの識別だけなら、ハレム群の中のオトナ・オス一頭を識別するだけでよい。オスの体重は約二〇キログラムであり、メスの体重の二倍もあるうえに、長く垂れ下がった大きな鼻も特徴的である。これ以外にもオトナのオスの臀部は、まるで白いパンツを履いたような毛並みであり、個体によってその模様が微妙に異なる（写真2・5）。このように、多くのわかり易い特徴をもったオス同士を見分けることはそれほど難しいことではなかった。事実、調査を開始して数ヵ月ほどで、調査地内の川沿いに棲息している十二群ほどの異なるテングザルのハレム群が確認できた。しかし、問題はメスの同定であった。今まで多くの研究者が、テングザルのメスの同定を諦めてきた原因は、おそらくオスに比べると個体間に際立った特徴が見えにくいからであろう。研究対象の群れを決めてから数週間たっても、群れの中に五頭いたオトナ・メスの同定はまったくできなかった。夕方になって川沿いに戻ってきて眠るときになれば、確かに個体間で微妙に体の大

写真2・6　追跡対象とした群れの中の,「チチ」という名のオトナ・メス. 群れの中で真っ先に同定ができた個体で, 尻尾の真ん中が折れ曲がっているのが特徴である.

きさが違うことが見てとれるのだが、いったん森の中に入ってしまうとそれを見分けるのがきわめて困難であった。

メスの個体識別に苦戦していたある日、調査助手の一人がある一頭のメスを指して、「彼女の尻尾は真ん中で折れ曲がっているけれど怪我でもしたのだろうか」と言いだした。双眼鏡で見てみると、確かにそのメスの尻尾は、真ん中部分が若干へこみ、二山型の曲線を描いたようになっているのだ。すぐさま他のメスの尻尾も確認してみると、尻尾の形には色々なパタンがあることがわかってきた（写真2・6）。あるメスは尻尾の付け根の付近に若干の折れ目があり、またあるメスの尻尾の先端部分の色は他のメスと異なり薄い黒色だったりした。視界の悪い森の中でも長く垂れ下がった白いテングザルの尻尾は、容易に観察できた。サルの同定技術というのは、誰かにここを見なさいと教えてもらえれば、じつに簡単にできる作業なのだが、どこを見るかを初めて見つける者にとっては、とても骨の折れる作業であることを実感した。ともあれ尻尾の特徴を見つけたことにより、あっという間にメスの同定は進んだ。

サルの名前のつけ方

霊長類に関する論文を見ると、研究者によっていろいろな名前をサルにつけているのがおもしろい。この名前に何か法則があるのだろうかと憶測するのは、英語ばかりで退屈なサルの論文を読むうえでの私の楽しみの一つでもある。たとえば私の知っている研究者は、自身が甘党なためにすべてお菓子の名前をサルにつけていたりする。それがお酒の銘柄であったりもする。私の場合は、日本の漫画からすべての名前をつけることにした。当時マレーシアでも人気のあった、漫画の『ドラゴンボール』（鳥山 明　集英社）なら調査助手もすぐに覚えてくれるだろうと考え、私の調査対象群とした群れの個体には、いくつかの例外を除いてすべてこの漫画に登場するキャラクターの名前が使われている。たとえば群れの中の唯一のオスの名前は、ベジータ、メスの名前は、チチ、ブルマ、ランチ……といった具合である。研究者によっては、実際にはおもしろい名前をつけているものの、科学論文にするときにはすべて頭文字だけしか使わないという人もいるが、私はすべての科学論文（多くは英語による論文）に個体の名前をフルネームで記載している。まじめな科学論文に、突然ベジータや、チチ、などといった名前が出てくるので、読む人によってはクスリと笑ってしまうかもしれない。

村のリーダー

マレーシアの村には、大きく分けて三つのリーダー職がある。それぞれに村の開発や警備、そして村人間の小さな揉めごとを解決するといった役割がある。彼らには政府から給料が支給される場合もあるようだ。調査がようやく軌道に乗りだしたある日のこと、村のリーダーの一人から手紙が届いた。なんでも、この村で平和に、そして安全に調査をしたければ、バトミントンのラケットを寄付して欲しいとの勧告であった。近々スカウト村の中でサッカーの大会があり、その優勝商品としてバトミントンのラケットを用意するとのことであった。マレーシアの国技がバトミントンだということもあり、マレー人はラケットのブランドにも詳しい人が多い。私が要求されたのはイギリスのブランドで、それはなかなか高価な品物だった。私は、しかたなく指示された二セットを購入したのだが、合計で六〇〇リンギット（約一万八千円）ほどであった。当時、奨学金のみが研究資金であった私にとっては、今後も同じようなことを要求されれば死活問題である。そこで現地の調査助手を伴って、リーダーの所に行き、自身の境遇について説明した。私が学生であることや、スカウ村にあるＮＧＯなどとは違ってお金がほんとうにないことなどを、繰り返し調査助手に通訳してもらったのである。私の困っているようすが伝わったのか、おかげでそのリーダーも私の状況を理解してくれ、それ以降はまったく問題はなくなった。一年半の調査が終わって帰るときには、村のリーダーともすっかり顔馴染みになり、記念品を頂くことができた。記念品は、鉄木（てつぼく）と呼ばれる硬く高価な木から作られた、伝統のコマがガラスケースに入れられ、中には「Memory of Sukau（スカウの思い出に）」と書かれた代物であった。当初のラケット事件を思い出すと苦笑いしてしまうところもあるが、スカウの村人に少しだけでも受け入れてもらえたことと、調査がなんとか無事に終わって帰国できる喜びとが重なって、コマを頂くときはとても感激した（写真）。

写真　長期調査を終えて帰国する直前に，村のリーダーの一人であるNasrahさんから記念品を頂いた．いろいろと苦労はあったが，村の一員として私たちを気にかけてくれていたようで，とても嬉しかった．

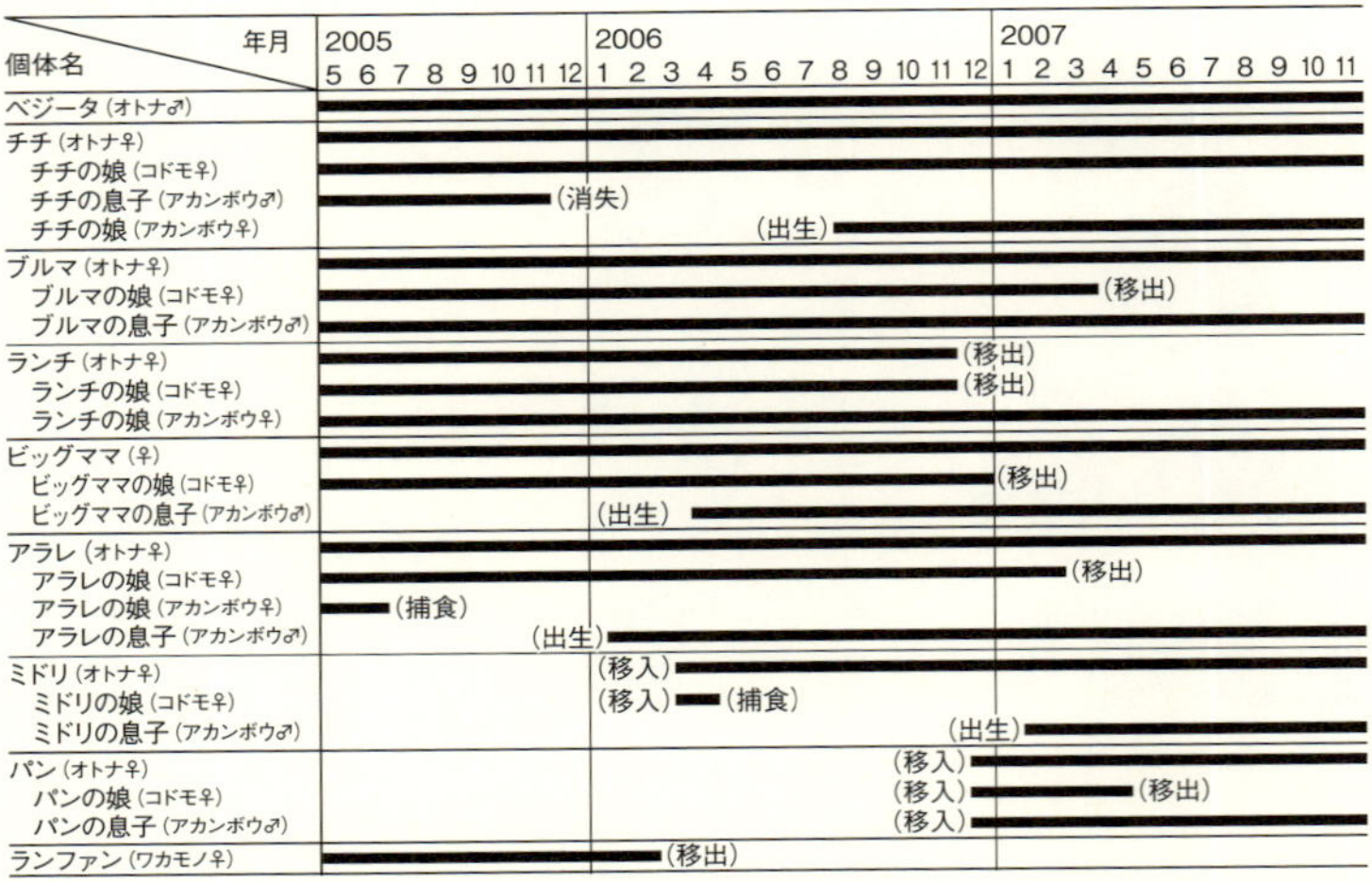

図2・3　ベジータ(BE)グループの群れの構成(Matsuda et al., in press-aを基に改変).文中の研究内容は,2005年5月～2006年5月までの13ヵ月間のデータであるが,実際にはBE群の追跡は,2007年11月まで継続していた.その後はベジータの消失とともに,多くのメスは散り散りになってしまい,当時のメンバーが現在どの群れに所属しているのかはわからなくなってしまった.しかしチチという特徴的な個体だけは,今も別の群れで元気に暮らしている.

群れの構成

個体識別が完了したばかりの二〇〇五年五月の段階では、私が研究対象としたハレム群はオトナ・オス一頭、オトナ・メス五頭、ワカモノ・メス一頭、コドモ五頭、アカンボウ四頭の合計十六頭で構成されていることを確認していた。しかし、私がボルネオ島に滞在して行動データを収集した十三ヵ月の間に、その構成は若干ながら変化した。たとえば新しいアカンボウの誕生、死亡、新しいオトナ・メスが群れに加入したり、逆に群れから出て行ってしまったりといった具合にである(図2・3)。群れの中の個体の年齢推定は、すでに出版されていた論文を参考におこなったわけだが、初めのうちはその判断に迷うこともしばしばあった。とくに判断が難しいのは未成熟個体である。顔の色で単純に区別ができる、アカンボウとコドモの識別はもっとも簡単である。テングザルの産まれたばかりのアカンボウは、顔の肌の色が真っ黒であり、成長する過程で少しずつ肌色に変わっていく。テングザルのアカンボウは、産まれてからおよそ一年半から二年くらいで、顔から黒色が消えて、コドモと分類されるようになる。区別の難しいのは、コドモとワカモノである。文献を参考にするならば、ワカモノはオトナの四分の三ほどの大きさの個体であり、コドモはそれよりも小さい個体のことである。しかし、実際にフィールドで四分の三の大きさと言われても判断は難しい。テングザルを研究して六年以上になる今でも、ワカモノとコドモの区別には手間取ることがあるくらいである。

サルの観察方法

今まで、テングザルが川から離れた森の中で何をしているのかはまったくわかっていなかった。当時私は、今まで誰も見たことのない、川から離れた森の奥のテングザルの生態を暴いてやろうと燃えていた。そして人付け、個体識別をした群れを朝から晩まで森の中で追跡し、その行動を記録した。サルの行動を記録するときには「スキャニング法」、あるいは「個体追跡法」と呼ばれる手法を用いるのが主流である。前者のスキャニング法は、サルの群れを追跡しているときに五分とか一〇分とかといった、ある決まった時間ごとに、観察者から見えるすべての群れ個体の行動を記録する手法である。一方、後者の個体追跡法は、群れの中の一個体に追跡対象を絞り、数時間から一日にわたってその対象個体を追跡して行動を詳細に記録していくという手法である。どちらの手法にも一長一短があり、どちらの手法で行動データの収集をおこなうかは、研究者が調べたい研究テーマにより決められる。たとえばスキャニング法では、短い時間の中でアカンボウからオトナまでのさまざまな年齢、性別の個体のおおまかな行動の傾向を調べるのに適しているが、個体の行動パタンの中でもよく目に入る行動とそうでない行動の間で、観察結果に偏りができてしまうという欠点がある。一方で個体追跡法は、追跡する一個体の行動を詳細に記録でき、かつどのようなものを採食して、群れの中のどのサルと社会的な交渉が見られるのかといった、追跡対象とした個体の連続した詳細な行動の記録ができる。しかし収集できるのは、あくまで一個体の連続した行動の記録であり、個体間で見られる行動データの差をどのように考えるのかといった問題が生じる場合がある。

私の場合は、とにかくテングザルの連続した行動を記録したいという気持ちが強く、コロンビアでクモザルを調査していたときにすでに、個体追跡法を使ってデータ収集をした経験もあったために、迷わず個体追跡法によりデータ収集をすることを決めた。そして、私の研究対象群であるBE群（これは、私の研究対象とした群の中の、唯一のオトナのオスである〝ベジータ「Bejita」〟の頭文字をとってこう呼んでいる）の中の一個体を選び、朝から晩までその一個体の行動を秒単位で記録した。人付けが成功したことにより、このような秒単位での記録が可能であったとはいえ、ときには茂った木の葉が邪魔をして体のほんの一部分しか見えないために、じっと目をこらして観察しないといけないこともあった。

しかし、すでに述べたようにこの個体追跡法には、群れの中の一個体のデータしか収集できないという短所もある。そこで私は現地の人を調査助手として雇い、私自身による行動データの収集と平行して群れの中の別の個体の行動を、その調査助手に個体追跡法で記録してもらうことにした。私たちの中の一人は必ず、ＢＥ群唯一のオトナ・オスであるベジータの追跡をおこない、もう一人は群れの中のオトナ・メスを追跡してデータの収集をおこなった。つまり私を含め最低二人がかりで、行動データの記録をおこなうことで、なるべくたくさんの偏りの少ないデータの収集をおこなうことに努めた。さらに私はもう一人、ボートを運転してもらうための調査助手を雇っていた。川沿いを好むテングザルの棲む森へ行くためには、ボートは絶対に必要で、ボートを運転しながらデータの収集をするのは困難だったからである。さらにあとで詳しく話すが、テングザルは枝を伝って川を渡ったり、直接、川に飛び込んで泳いで渡ったりして、右岸と左岸を行ったり来たりする。テングザルを追跡中にテングザルが川を渡りそうになると、三人目の調査助手は、ボートをテングザルが川を渡りそうな場所の近くまでもってくるという役目も担っており、それによって私たちは途切れることなくテングザルの行動データを収集できたのである。

調査助手の雇用

マレーシアは発展途上国とはいえ、比較的裕福な国である。なので、人を雇用するときの賃金もそれなりの金額が要求される。とくに私が調査をおこなったスカウ村は、観光客用のロッジが乱立している地域でもあり、またＮＧＯなどのさまざまな組織が保全活動に従事する地域であったために、貨幣経済がかなり浸透している。そういった外部からの介入が多いために、村人たちも雇用条件には厳しい。口約束だけで、いくら払うからといった簡単な契約を交わすのはたいへん危険なのである。そこで私は人生で初めて、英語で雇用契約書を作成することにした。契約書の中には時間厳守であることや、ペナルティなどの規則、給料の計算方法などを事細かに記載し、そこに調査助手となる人のサインをもらうということを徹底した。調査を開始した二〇〇五年一月から、二人の調査助手を雇用したが、途中で一人は辞職し、新たにもう一人を雇用して二〇〇六年六月の帰国を迎えた。一度だけ辞職すると言いだした調査助手が、辞職届にサインをしたにも関わらず、私に首にされたと村中に言い周り、あげくのはてにはサンダカンという町にある労働局に訴え出るという困った事態になった。しかし、すでに辞職届けにサインがしてあったことで、私はまったくのお咎めなしで終わった。それでも村での評判を落とさないために、村のリーダーに菓子折りを持って行き、経緯を説明したりと苦労したのを覚えている。二〇一一年現在までに、すでに八人くらいの調査助手を雇用したが、みなそれぞれに長所・短所があり、問題は尽きないのだが、それらを円滑に管理していくということも、海外で調査をする研究者には求められる資質なのかもしれない。私はなんとかやっているものの、どうもその資質があるとは疑わしく、今でもいつも彼らのもってくる問題には胃の痛い思いをしている。しかし彼らとのトラブルも、ときがたてば必ず笑える思い出となるからフィールドの人間関係は不思議である。

調査助手たちのその後

私が調査している村の村人についていえば、仕事の集合時刻を守るといった、働くうえで日本人であればごく基本的な概念が、かなり欠如しているといえる。多くのロッジやNGOがありながらも、村人にとって、仕事をしてお金を稼ぐということへの意識はかなり低い。もちろん人にもよるが、外国人を見ればお金をもっているから、なんとかして騙しとってやろうという輩もたくさんいる。調査助手を雇うときは、面接をしたりして慎重に採用するが、やはり時間厳守、誠実さという点においての意識はそれほど高くない場合が多い。調査の中で基本的なルールを身につけてもらうのだが、調査のアシスタントを終えた後の生活は、それぞれで異なりひじょうにおもしろい。身に付けたルールや技術をその後の生活に活かしている者もいれば、調査終了と同時に元の生活にそのまま戻る人もいる。

写真　私が雇用した調査助手の中でも，今のところ一番の出世頭なのが，アハマドである（写真中央）．彼が建てた一軒家の一階部分には，最近，新たに雑貨店も開業した．アハマドと奥さんとともに，雑貨店のオープンを記念しての撮影．

その中でアハマドという調査助手は、前者の典型的な一人だ。彼を採用した二〇〇五年八月の段階では、彼は英語もいくつかの単語しか話せず、字を書くことにもそれほど慣れてはいなかった。また彼は、自身の財産と呼べるようなものは壊れかけのオートバイ一台ぐらいであった。しかし、調査の過程で英語での会話ができるようになり、字の読み書き、計算、そして森の中の植物や動物のことを少しずつ習得していった。サルを見つけ、観察する能力も抜群であった。彼は私が支払う給料などを元手に、ボートを購入し、立派な家を建てて結婚もして、自立し、今では一人娘をもつお父さんである。購入したボートで、観光客を川に案内する個人経営の会社を作り、森で培った観察眼と英語、そして真摯な立ち振る舞いで、観光客から人気をあつめている。そして、なんと今年からは自分の家の一階部分を改装して、雑貨屋もオープンした。奥さんも働き者で、店も軌道に乗り二つの仕事で大忙しである。残念ながら、自分の事業が忙しすぎてアシスタント業はほとんどできなくなってしまった。優秀な調査助手を失うのは痛手だが、彼らが成功していくさまを見守るのも悪くはない気分である（写真）。

テングザルの川渡り

テングザルの追跡をしているときに、もっとも興奮するイベントの一つは、なんといってもテングザルの川渡りである。とくにオスの川渡りには迫力がある。体重が二〇キログラム以上もある巨大なオスが、一五～二〇メートルも高さのある木の枝をバネのように揺さぶり勢いをつけたかと思うと、川に向かって飛び込むのだ（写真2・7）。ものすごい音と水しぶきをあげて着水し、その後はときに潜水することもあるが、多くの場合は犬搔きのようなフォームで、静かにスイスイと泳いで対岸へ渡る。じつは調査地に同所的に棲息しているカニクイザルや、ブタオザルも川を泳いで渡ることがあるのだが、彼らの場合はせいぜい五メートルくらいの高さの木からしか川に飛び込まないし、詳しい比較はしたことがないが、テングザルに比べると川を渡る頻度もそれほど高くないように思われる。現存する二五〇種以上の霊長類の中

写真2・7　テングザルのオトナ・オスが，勢いよく川に飛び込むときの迫力はものすごい（左）．川に飛び込んだ後は，流れのある川を器用に泳いで対岸へと川を渡る（右）．

でも、テングザルのような川に飛込みをするサルというのは聞いたことがない。テングザルが樹上性のサルでありながら、器用に川を泳げるのには理由があるようだ。一つは、テングザルの太鼓腹である。あとでも話すように、テングザルの太鼓腹は胃の構造と関係性が深いのだが、その一方で、その脂肪の多さが水に浮きやすいのではないかと考えられているようだ（Yeager, 1991）。もう一つは、テングザルが水掻きの発達した四肢をもっていることである。私たち人間にも若干ながら水掻きはあるのだが、テングザルのそれには及ばない。

いくら上手に川を泳げるとはいえ、水の中は危険に満ちている。たとえば、テングザルがワニに食べられたという報告があるように、川の中には危険な捕食者がいるのだ（Galdikas, 1985）。また流れのある川に、お腹にアカンボウを抱えながら飛び込む母親は溺れる危険と隣り合わせで、お腹のアカンボウにとっても川を渡っている間は息ができず、運が悪ければ窒息死の可能性もある。いくら泳ぎが上手くても、こんな危険な川渡りを頻繁にやっていると命がいくつあっても足りない。きっとテングザルには、川を安全に渡るための何か良い〝作戦〟があるはずだ。

思い浮かぶのは川幅である。つまり川幅の狭い場所を選んでジャンプすれば、危険な川を泳ぐ距離も短くなるうえに、木から木へと枝を伝って、水に浸からずに川を渡れる可能性もある。これなら、ワニによる捕食の危険性を軽減できそうである。そこで私は、テングザルが実際に川を渡った場所の川幅を測ってみることにした。さらにテングザルが渡った川の幅が、渡らなかった場所と比較して、広いのか狭いのかを知るために、調査対象としたBE群が利用した、マナングル川の河口から一四〇〇メートルの地点と五二五〇メートルの地点までの川幅を、五〇メートル間隔で計測した。そしてその平均は、一九・九メートルであった。つまり私の調査をしているマナングル川の川幅は、だいたい二〇メートルくらいなのである。

それでは実際に、テングザルが川を渡った地点を分析した結果はというと、調査中にBE群のオスであるベジータが川を渡った回数は、合計で九〇回であった。その九〇回の川渡りの中には、まったく同じ地点から川を渡った例も含まれており、実際にはベジータは四二の地点からの川渡りをおこなった。BE群のメスについても川渡りを六五回観察し、川を渡った地点は三七地点であった。そしてオスとメスが川を渡った地点の平均川幅はそれぞれ一六・二メートルと一六・一メートルであった。オスとメスをそれぞれ分けて分析したのは、必ずしも群れのすべての個体が同じ地点から川を渡るわけではないからである。オスが川を渡った場所よりもさらに数百メートルも上流、または下流部でメスが川を渡ることがしばしばあった。いずれにしても、オスもメスも川幅の狭い場所をとくに選んで川渡りをしていることは間違いないようだ。しかし、私はこの分析結果にいまいちピンとこなかった。それは、実際の川幅とテングザルの川を渡った地点の川幅の差である四メートルがあまりにも少なく思えたからである。またテングザルが川渡りをした地点の川幅というのは、テングザルが実際に川を渡った距離を明示していないことを経験的に知っていたからである。じつはテングザルがよく川渡りをするのは、川岸の木が対岸に向かって伸びているような箇所が多いのだ。つまりテングザルにとっては、対岸に向かって伸びた木の枝先から、対岸までの距離が実際に川渡りをした「真の距離」なのである。そこでこの真の距離を測ってみると、オスでは平均五・八メートル、メスでも五・九メートルとなり、実際に川を渡った距離がその川幅に比べて極端に短いことがわかった。またこの真の距離を使って分析してみたところ、この距離が短い地点ほど、テングザルがより頻繁に川渡りをしているということを、統計学的にも明快に示すことができたのである。このようにテングザルは、対岸までの距離が六メートルにも満たない場所を選んで川渡りをするので、実際は冒頭に書いたような、テングザルが高木から勢いよく川に向かって飛び込み、さらに泳いで川を渡るというダイナミックな光景は、そうそう見られるものではないのである。体格の大きなオスで、実際に川を泳いで渡ったのは、川渡りを観察した回数のわずか七パーセント程度で、残りの九三パーセントは、木から木へと枝を伝ってジャンプし、難なく川を渡ってしまうのだ。オスよりも体格の小さいメスでも、五〇パーセントくらいの確率で木から木へと飛び移って川を渡ってしまう。

いずれにしてもテングザルが川を渡るときには、なるべく水の中に入らなくてもよい地点を狙って川渡りをしており、これはやはり水中の捕食者であるワニによる攻撃を受けにくい場所を選択した結果を反映した彼らの作戦だと考えられる。また、小さいコドモを腹に抱えたまま川渡りをすることもあるメスにとって、川渡りをしているときには、コドモは息ができない。メスができるだけ枝渡りで川を渡り、川に落ちたとしてもできるだけ水中にいる時間を短くできる場所を選ぶことは、自身のためだけでなくコドモの生存にとっても重要だといえる。

テングザルの川渡りを分析しているときに、もう一つおもしろいことがわかった。それはテングザルが川渡りをした地点と、テングザルが泊まり場として選んだ地点の利用頻度の間に、正の相関が見られたことである。つまりテングザルがよく川渡りをする地点というのは、よく泊まり場としても選ばれた場所だということがわかったのだ。どうやらテングザルが泊まり場として好む場所も、対岸までの真の距離が短い地点のようだ。実際にはテングザルは樹上で眠るため、泊まり場を選択する際には、水中性のワニによる捕食の危険性は関係ないはずである。おそらくこれは、夜間に陸上性のウンピョウ（ネコ科の哺乳類で、中型犬ほどの大きさ）に襲われた場合に備えてのことだと考えられる。対岸までの枝間距離が短い場所、つまり真の距離の短い場所ならば、夜行性であるウンピョウが木を上り、万が一襲ってきても枝を渡って軽がると対岸へと逃げることができるだろう。木登り上手なウンピョウでも、細い枝を起用にジャンプして対岸に渡ることはできない。またウンピョウから逃げるときに、ワニが潜んでいるかもしれない川に落ちたとしても、泳ぐ距離が短くてすむという意味で、テングザルの川沿いでの泊まり場の選択には、ウンピョウとワニの双方からの捕食に備えた「一石二鳥作戦」が反映されているのだ（Matsuda et al., 2008c）。

一日の生活

さて十三ヵ月にも及んだ現地滞在の結果、私はオトナ・オスを合計一九六八時間、オトナ・メスを一五三九時間観察することに成功した。じつは、この数千時間にも及ぶ観察記録のすごさを当時の私はあまり理解していなかったのだが、後々この結果を公表したときに、多くの方からこの観察時間数を褒めて頂いた。いろいろと論文を読むようになっても、確かに一年間で合計三五〇〇時間を越えるような観察をおこなったという文献には、そうそう出会わない。たとえば、初期のテングザル研究で多くの論文を発表しているCarey P. Yeager女氏の研究でも、総観察時間数は一七〇〇時間程度である（Yeager, 1991）。ときには数百時間程度の観察時間数でも、論文として出版されている例はたくさんある。もちろん論文は観察時間数を競うものではなく、観察の内容と質が大事なのだが、それでも苦しい日々を乗り越えて集めたこの三五〇〇時間以上ものデータは、私の人生の宝物である。

さて私は、テングザルが森の中で何をしているのかといった謎を解き明かすために、必死で彼らの追跡をおこなったのだが、その問いは思いのほかあっけなく解明された。テングザルが森の中ですごす大半の時間を、彼らは「休息」に費やしていたのだった。ここで言う休息とは、日中に昼寝する時間、あるいは目は覚ましているが、木の枝の上でじっとしている時間のことである。もう少し細かい数値でみていくと、日中の七六・五パーセントを休息に、そして一九・五パーセントが採食に費され、移動に費やす時間はわずか三・五パーセントしかなく、さらに驚いたのは、社会的な交渉（毛づくろい、交尾行動など）に費やし

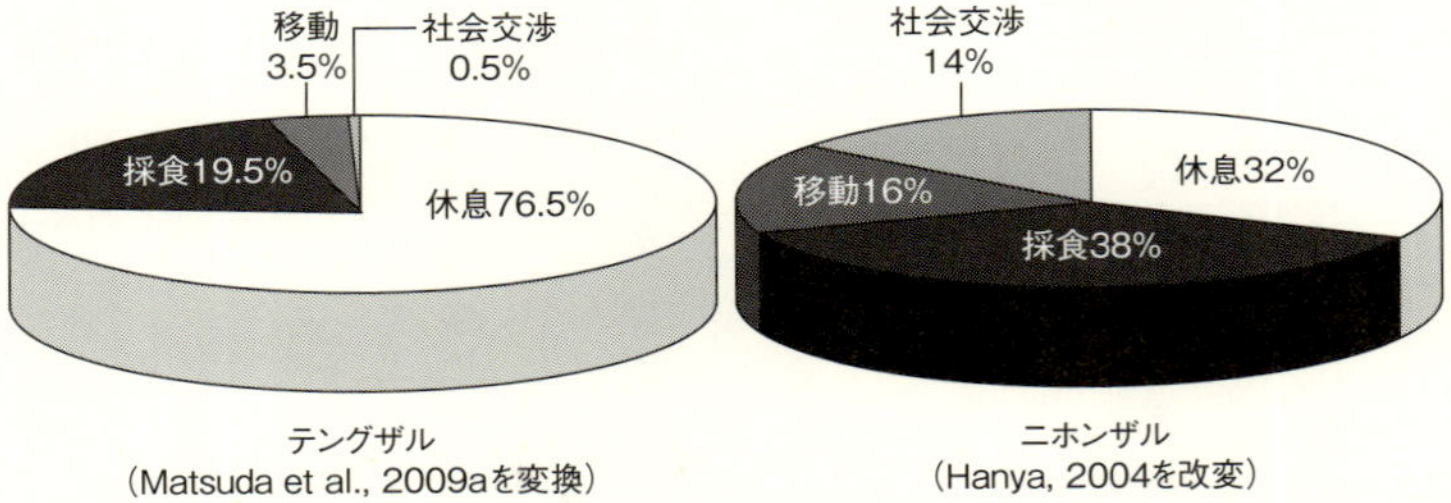

図2・4　テングザルとニホンザルの活動時間割合の比較．両研究とも，サルの観察方法には個体追跡法を用いている．

た時間はたったの〇・五パーセントしかなかったことだ（図2・4）。夕方十八時から翌朝六時までの十二時間は基本的に移動せずに、川岸で寝ていることを考えると、二四時間のうちのじつに二一時間もの時間を休息に費やしているという、なんとも怠惰なサルだということが明らかになった（Matsuda et al., 2009a）。日本人に馴染みのあるニホンザルでは、一日の活動時間の三二パーセント程度しか休息しないことを考えると（Hanya, 2004）、テングザルの休息時間がいかに長いかを納得してもらえるだろう。

しかしテングザルが、毎日森の中で休んでばかりいるのには理由があり、ただ単に怠惰だからという訳ではない。じつは、テングザルが属している霊長類の中のコロブス亜科（図2・5）のサルたちは、他の霊長類に比べると日中の多くの時間を休息に費やしているといわれている。そしてコロブス亜科のサルたちに共通した特徴である「特殊な胃の構造」こそが、彼らが多くの休息を必要とする謎を解く鍵なのである。テングザルを含むコロブス亜科のサルたちの胃は三〜四つにくびれている（図2・6）。この構造は、反芻動物である牛やラクダなどの胃の構造とひじょうに類似しているのだ

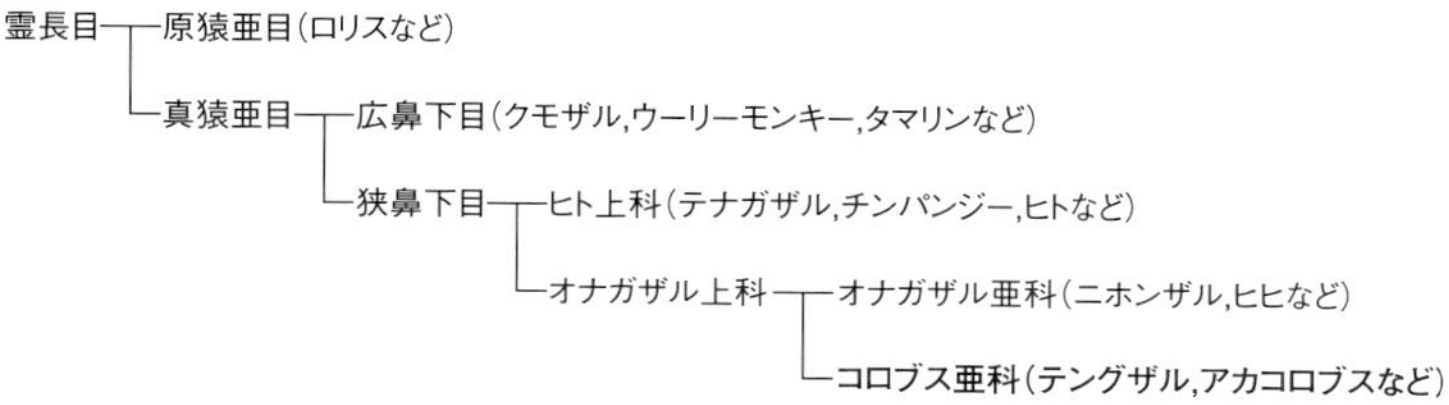

図2・5　霊長類の中のコロブス類の位置づけ．テングザルは，およそ60種ものサルが分類されているコロブス亜科の一種である．コロブス亜科に分類されるサルは，現存する霊長類種のおよそ6分の1を占め，アジア，アフリカの広い地域に分布しており，霊長類の中でももっとも繁栄を遂げた分類群の一つである．アジア産コロブスの方が，アフリカ産に比べてその種数は圧倒的に多い（コロブス亜科の4分の3がアジア産）．

が、その形態的進化はそれぞれの分類群で独立的に促されたようである（Moir, 1968）。いずれにせよ、コロブス亜科のサルたちのくびれた胃の中でも、第一の胃「前胃（ぜんい）」と呼ばれるところにはさまざまなバクテリアが共生している。コロブス亜科のサルはこの前胃に棲息するバクテリアを利用して、通常は消化が困難な葉に多く含まれるセルロースを分解し、エネルギーとして活用できるのだ。葉を分

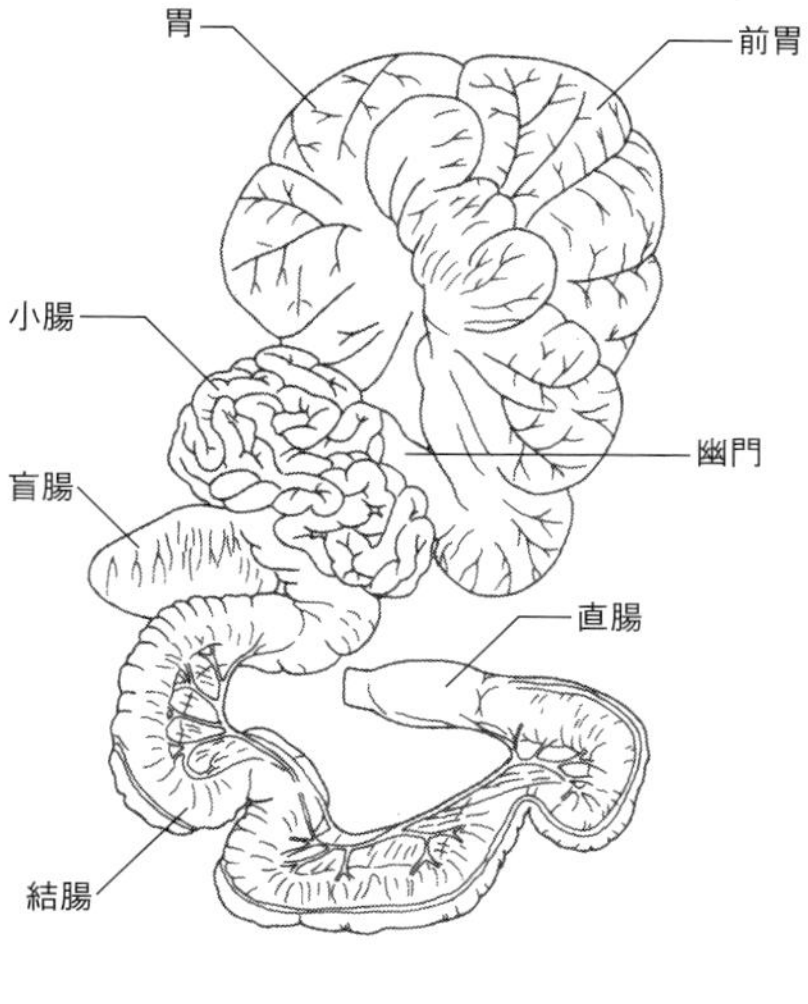

図2・6　コロブス亜科のサルは，3〜4つにくびれた特殊な胃をもつ．この特殊化した胃は，牛などの反芻動物の胃と類似している（Davies & Oates, 1994を改変）．

解・消化するために胃を特殊化させることで、果実、花、昆虫などを主食とする他の霊長類との食物を巡る競合を避けるような進化を遂げたコロブス亜科のサルたちだが、その分解・消化に多大な時間を要するために、その間をじっと動かずに休息していなければならないのである。コロブス亜科のサルたちは通常、日中の五〇~七〇パーセントもの時間を休息に費やしており(Campbell et al., 2007)、テングザルの長い休息時間(七六パーセント)もこの分類群の中では特別に変わった値というわけではないのだ。

では具体的にテングザルが、食べ物を消化するのにどれくらいの時間を要するのかを見ていきたい。消化にどれくらいの時間が必要かといった実験には、固相マーカーや液相マーカーといったものを用いるのがふつうである。消化実験では、サルが消化できない物質(たとえば酸化クロムなど)をマーカーとして、固相、液相の食べ物に混合したものをサルに経口投与し、それらが糞として排出されるまでの時間を計測する。一般的には、マーカーが体内に留まる平均時間を消化速度の指標とすることが多い。しかし、残念なことにテングザルにおいては、こういったマーカーを用いた消化実験はおこなわれていない。マーカーの代わりに、プラスチックの小型ビーズをテングザルに経口投与して、ビーズの体内平均滞留時間を計測した実験が一例あるのだが、それによればテングザルにおけるビーズの平均滞留時間は四九時間程度のようだ(Dierenfeld et al., 1992)。このビーズを使った研究結果と、固相、液相マーカーを利用した他の霊長類における消化実験の結果を比較するのはあまりに乱暴な行為なのだが、たとえばニホンザルでは、固相、液相マーカーを用いた実験における平均滞留時間は、二三~二五時間程度だと報告されている。またテングザルと同じコロブス亜科に属する、シルバールトンの平均滞留時間は、固相、液相マーカーともに四五

〜四七時間と報告されており、ニホンザルの二倍もの時間を要するようだ (Sakaguchi et al., 1991)。これらの結果から、テングザルを含むコロブス亜科のサルたちが、いかに多くの時間を食べ物の消化に費やさなくてはならないのかということがわかるだろう。

ここまで摂取した食物の体内滞留時間と消化に関する話を長々としたのだが、じつはこの話には不完全な部分もある。一般的に体サイズの大きい動物ほど、摂取した食物が排泄されるまでの時間が長くなると報告されてきた。これは体サイズの大きい動物ほど、摂取した食物をより長い時間をかけて消化できるという点で、消化能力に優れているということを意味している。しかし最近の霊長類の消化に関する研究においては、体サイズよりもむしろ食べるものの質によって、その消化速度が影響を受けていることが明らかになっている (Clauss et al., 2008)。野生下の霊長類は、当然のことながら実験下のような単調な食生活をしておらず、果実、種子、花、若葉といったさまざまな植物の部位を季節に応じて摂取している。つまりそれぞれの部位、または植物種によって消化にかかる時間が異なるため、野生下の個体が必ずしも実験下で得られるような時間を消化に費やしているとは限らないのだ。実際はもっと多くの時間を消化に費やしているかもしれないし、逆にもっと少ない時間ですんでいるのかもしれない。このように摂取した食物の部位や、植物の種類によって消化速度が影響を受ける可能性を十分に考慮する必要があり、それは後で紹介するような、テングザルの休息や採食行動の日周性や季節性の変化を説明するうえで重要な要素になっているのかもしれない (Matsuda et al., in press-b)。

森の中での時間つぶし

テングザルは一日の大半を休息に費やしている。他の霊長類を研究している研究者に言わせると、「よくもまぁ、そんなに退屈なサルを一日中観察していられるなぁ」といった感じらしい。確かにニホンザルやチンパンジーなどは、テングザルに比べて休息時間が少ない分、その時間をさまざまな社会的な交渉に費やす。個体間での毛づくろいや、目の前で繰り広げられる権力闘争、個体間の微妙な駆け引きなど、話を聞くだけでもなかなかエキサイティングな事件の連続である。もっともメジャーな社会交渉の一つである、毛づくろいについて比較してみよう。ニホンザルでは八・三パーセントを、チンパンジーでも六・二パーセントもの日中の時間を毛づくろいに費やしているようである（Dunbar, 1991）。しかしテングザルでは、日中のわずか〇・五パーセント程度しか毛づくろい行動に時間を費やさない。それもテングザルで見られる毛づくろいは、メス同士やメスとそのコドモの間でひっそりと交わされる程度の地味なものである。しかし私としては、テングザルのこの長い休息時間が当たり前の日常だったので、じつは苦に思ったことは一度もなかった。むしろ、テングザルが森の中で休息している静かな時間が好きだった。そんな静かな時間だからこそ、ときに珍しい動物の気配に気づくこともある。少し遠くで何かが木から落ちたような音がしたので、振り返るとマレーグマの親子が、地面を走って逃げていくのを目撃したのも、テングザルが樹上で眠りについた静かな時間帯の出来事であった。またときには、テングザルの休息時間を利用して、アシスタントといろいろなことを語り合ったりもした。それも一段落すると、今度は無数に群がる蚊を一撃で何匹くらい退治できるのかと一人で記録を作ったり、足元から登ってくるヒルを捕まえては、それを何重にも結んだりするという悪戯に興じたりもした。もちろんそんな悪戯の間も、寝ているテングザルから目を離すことはなかった。森の中には、目を凝らせばいくらでも楽しいことは転がっているのである。

テングザルは何を食べているのか？

テングザルは、日中の七六パーセントちかくを休息という非活動的な時間に費やしていることがわかったのだが、それでも残りの二五パーセントちかくは活動的な行動に費やしている。そしてその活動的な時間のほとんどは、食物を摂取するという採食活動に費やされている。つまりテングザルの行動パタンを規定する鍵は、彼らの活動的な行動の大半を占めている、この採食という活動が握っているともいえそうである。そこで、ここではテングザルが森の中でどんなものを食べているのかを話していきたい。

三五〇〇時間以上にも及ぶテングザルのオスとメスの観察中に、テングザルは一八八の植物種（五五科、一二七属）を採食した。これは当初私が思い描いていたよりもはるかに多い採食種数であり、植生調査区内に出現した植物の種数（一八〇種）よりも多い値になってしまったことには正直驚いた。過去にマングローブ林でおこなわれた短期間のテングザルの研究では、テングザルは数種類の植物の葉だけを食べて生きている、きわめて葉食に特化したサルだと報告されていたし、その後マングローブ林や泥炭湿地林などでおこなわれた比較的長期の研究でも、九〇種の植物を摂取したというのが上限であった。私のこの結果は、テングザルが単調な食事を毎日繰り返している、おもしろみのないサルだという思い込みを覆す発見であった。テングザルが何種類の植物を摂取するかは、努力量、つまりは観察時間数、そしてテングザルの棲息する森の環境に影響を受けていると考えられる。つまりより長い時間テングザルを観察した研究ほど、テングザルが摂取する植物の正確な情報が得られ、泥炭湿地林や川辺林のような、マングローブ林と比較してより多様な植生に棲息するテングザルは、より多くの植物種を摂取すると考えられるのである。過去のどの研究よりも長時間テングザルを観察し、ボートからだけではなくヘトヘトになりながらも川辺林の奥にまで踏み込んで、必死にサルを追跡した努力が新たなテングザルの生態の一端を暴くのに繋がったといえる。

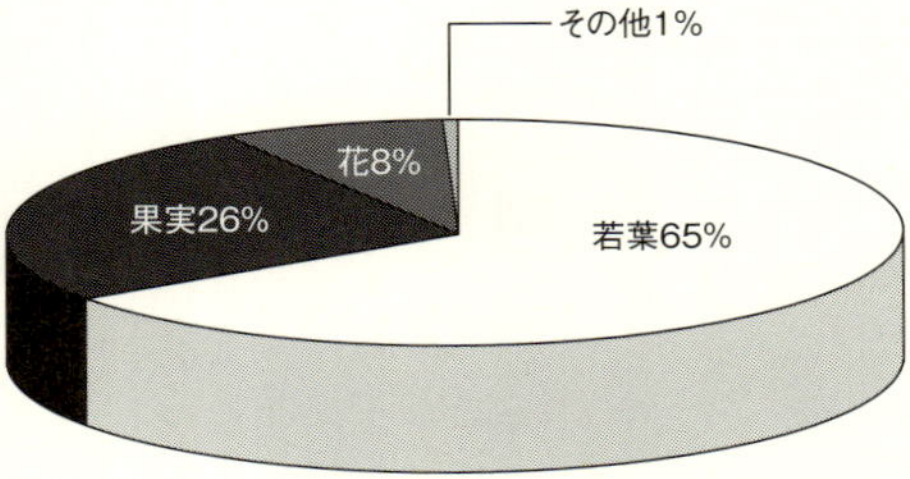

図2・7テングザルが採食した植物部位の時間割合.テングザルは葉食者だと考えられてきたが，比較的よく果実も食べることが明らかになった.

ではつぎに、テングザルに食べられた一八八の植物種のうち、植物のどの部位が好んで食べられたのかを見ていくことにする。何度も述べたように、テングザルは四つにくびれた特殊な胃をもち、その胃は葉を消化することに優れている。このように葉を消化することに特殊化した胃をもつことから、テングザルを含むコロブス亜科のサルは、果実、花、葉といった植物の部位の中で、もっとも葉を好むと考えられてきた。

なるほど、今まで考えられてきたように、テングザルがいちばん多くの時間割合を費やしたのは、食物部位の中でも葉であり、全採食時間の中の六五・九パーセントを占めていた(図2・7)。葉の中でも、テングザルが好んで食べるのは若葉であり、これは一般的に若葉は成熟葉に比べて、繊維質、タンニンなどの毒素の含有量が少ないうえに、タンパク質含有量が高いためだと考えられる。しかし私が驚いたのは、テングザルが若葉の他にも残りの二五・九パーセントもの採食時間を果実に費やし、花の採食にも七・七パーセントを費やしたという事実であった。今まで葉を好んで食べると考えられてきたテングザルが、その採食時間の四分の一もの時間を果実の採食に費やすというのはとても興味深い結果であった。じつは、私が研究を開始する二〇年以上も前に、すでにYeager女氏によってテングザルも植物の果実や花を採食することが報告されている(Yeager, 1989)。しかし彼女はボートからの観察だけで、実際に一日を通してテングザルの行動を観察したわけではないので、私の研究により初めてテングザルがどれくらいの時間を、植物の各部位の採食に費やしているのかといった詳細な情報が明らかになったといえる。

テングザルが若葉だけでなく果実も食べるという事実には驚いたが、さらに興味深いのはテングザルが好んで食べた果実が、熟れていない未熟な果実であった点である。テングザルが果実を食べていた時間の、じつに九〇・四パーセントがこの未熟な果実の採食に費やされており、熟れた果実に費やした時間は一〇パーセントにも満たなかった(図2・8)。私たちがよく知っている霊長類の多くは、糖質の多い熟れた果実を好んで採食する。これは糖質の多い熟れた果実は、すぐにエネルギーに変換できる効率のよい食べ物であるからだと考えられている。私たち人間だって、基本的には熟れた甘い果物が大好きだ。私はテン

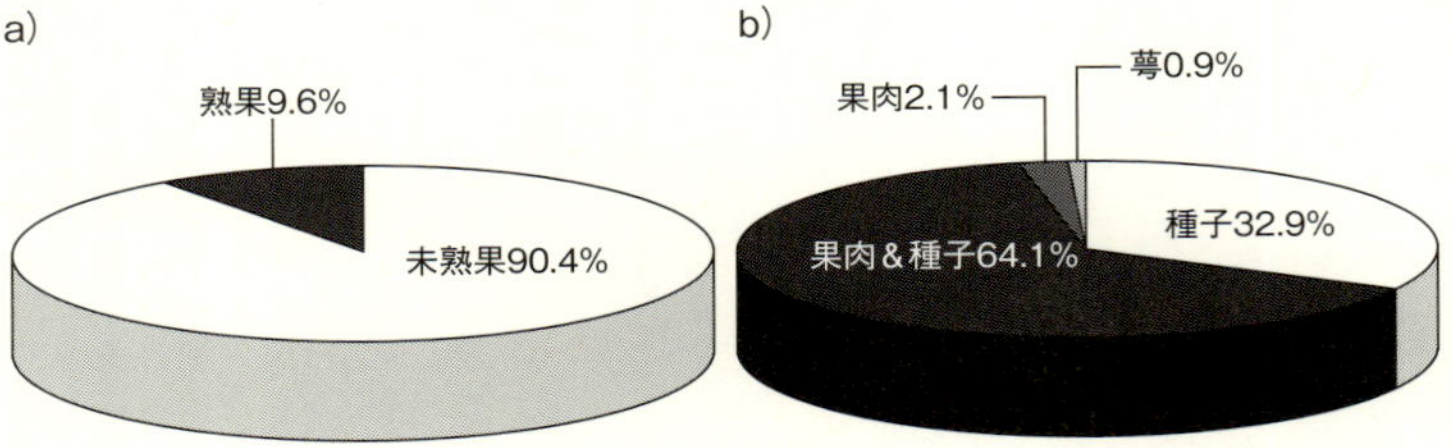

図2・8　テングザルが採食する果実のほとんどは，熟れていない未熟なものを好む（a）．またテングザルは，果実の中でも種子を好んで食べる（b）．まれにだが，熟れた果実を積極的に摂取するときがあるが，その場合のほとんどすべての例において，果肉部ではなく種子だけを上手に取り出して食べていた．

グザルが食べているときに落とした、熟れていない果実を何度も毒見したことがあるのだが、それは凄まじく苦かったり、渋かったりと人間の味覚ではとても美味しいと思える代物ではなかった。ではなぜテングザルは、このような美味しいとはとても思えない果実を好んで食べるのだろうか。ここでもテングザルが属するコロブス亜科のサルたちに特徴的な、胃の構造が関係しているといわれている。テングザルの胃の中でも、第一胃（前胃）にはバクテリアが共生しており、そのバクテリアの働きによって、通常の霊長類が分解できないようなセルロースをも効率よく分解してエネルギーに変換できることはすでに述べた通りである。問題となるのは、この第一胃に共生しているバクテリアである。仮にも糖度の高い、熟れた果実のような食べ物をテングザルが大量に食べてしまうと、このバクテリアの活動が急激に高まり、多量のガスを発生させて胃を膨張させる。そしてついには、他の内臓器官もこの膨張した胃が圧迫して、テングザルを死に至らしめるらしいのだ。また第一胃アシドーシスと呼ばれる、乳酸、あるいは揮発性脂肪酸の異常な蓄積のために、第一胃内のpHが低下した状態に陥る場合があり、これもまた死に至るような重症となる場合があるようだ。このような症状は、牛などの反芻動物ではよく知られた事例で、テングザルの例と同じように、炭水化物に富む穀物や果実類などの急激な摂取により引き起こされることがあるようだ。実際に、動物園で熟れたバナナをテングザルに与えたら死んでしまったという話もある。どうやらテングザルにとっては、熟れた果実というのはあまりありがたい食べ物ではないようだ。

つぎに、テングザルが果実の中のどの部分を好んで食べていたかについてお話しよう。私たち人間からすれば、果実を食べるといえば、だいたいは果実の中でも果肉の部分をさすのだが、テングザルにとってはその意味が少し違うようだ。じつはテングザルが果実を採食した時間のうち、六四・一パーセントの時間は果肉部と種子部の両方を同時に採食しているのだ。つまり、テングザルは私たちが通常食べる果肉部だけではなく、種子も噛み砕いて食べてしまっていたのだ。さらに果実採食時間の三一・九パーセントにおいては、果肉部を捨てて種子だけを取り出して食べるという奇妙な行動が見られた(図2・8)。果肉と種子の両方を食べる例は、果実のサイズが小さかったり、果肉と種子がしっかりくっついていたりして、分離することが困難な植物種で多く見られた。テングザルの果実採食において、種子食という点に着目するならば、果肉と種子の両方を食べた場合と、種子だけを食べた場合を合わせて九七パーセントもの時間を種子の採食に費やしているともみなすことができるだろう。このように、私たちの常識からすれば果肉部だけを食べて、種子部を捨てるのがふつうであるが、テングザルではその常識は通用しなかった。またテングザルが熟れた果実を食べた場合のほぼすべてで、テングザルは果肉を捨てて種子だけを取り出していたことからも、テングザルにとって魅力的な部分は、果肉部よりも種子であることを示している。もっとも、テングザルの胃の特殊な構造により、熟れて糖質を多く含む場合の多い果肉部は、採食できないということはすでに述べた通りである。

種子を好むサル

テングザルが種子を好んで食べるということと関連して、クスノキ科の *Alseodaphne insignis* という植物を食べるときにおもしろい行動が見られたので紹介したい。この植物は、私が調査地内に設置した植生調査区内には出現しなかった稀少な種であり、私の研究対象とした群れであるBE群のサルを十三ヵ月も追跡したにも関わらず、この樹種を採食したのはたった三地点のみであった。じつはこの種は、テングザルが唯一、果実の上部に付属する萼の部分を選択的に摂取したちょっと変わった種でもある。*A. insignis* の果実は大きく分けて四つの成長段階が見てとれ、それぞれの段階でテングザルが好んで食べた部位が異なるのがおもしろい点である。第一の段階は、果実に付属する萼が果実全体よりも大きな状態で、果実の色も緑色で未熟である(図2・9a)。この段階では、果実を割ってもまだ種子と呼べるようなものは形成されていない。第二の段階でも果実は相変わらず未熟な状態だが、果実の大きさが萼よりも大きくなった状態で、果実を割ると種子がうっすらと形成されているのがわかる程度の状態である(図2・9b)。しかし第三段階になると、果実の色は薄っすらと黄色っぽく変色してくるが、まだ完全に熟していない状態である。また果実は第二段階のものよりもさらに大きくなり、中の種子の外郭(種皮)もしっかりしてくる。

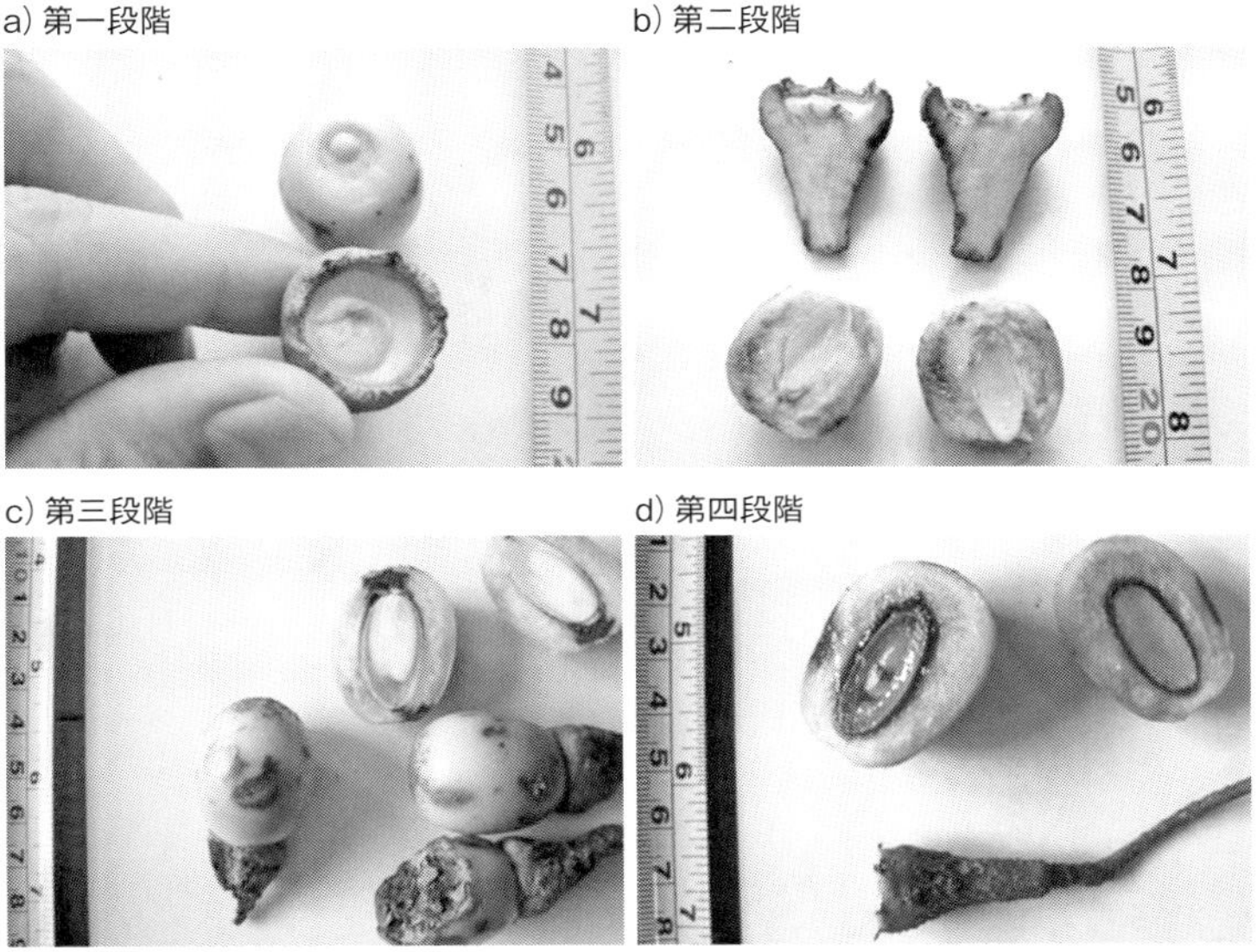

図2・9　*Alseodaphne insignis* の果実の成長段階．a) 果実よりも萼の部分の方が明らかに大きい時期では，テングザルは果実ではなく萼の部分を採食した．b) 果実が徐々に大きく成長してきた時期は，テングザルは果実も食べるようになった．c) d) さらに果実が成長し，内部に種子がはっきりと形成されるようになると，種子だけを上手に取り出して食べた．

一方で、萼の部分が萎れたように干からびつつあるのがわかる（図２・９ｃ）。最終の第四段階になると、果実の大きさは第三段階とほとんど変わらないが、中の種子がはっきりと形成され、果肉部は瑞々しいのが見てとれる。果実の色も黄緑色から葡萄のような濃い色合いへと変化して、熟した状態であることがわかる（図２・９ｄ）。

最初に第一の段階にある果実をテングザルが食べるときに、その木の下で観察していた私は、樹上から落ちてくるどこにも齧られた痕のない果実を見て、単にテングザルが果実をもぎ取るときに枝が揺さぶられるかどうかして、落ちてきただけだと思った。しかしＢＥ群のほとんどのメンバーが木で採食しはじめると、無傷の果実が私の目の前にボトボトと落ちてくるのだ。焦った私は、双眼鏡でじっと目をこらして観察した。するとテングザルは、なんと萼の部分だけを齧り取って残りを下に投げ捨てていたのだった。しばらく月日が流れ、再び同じ木を訪れたサルは、第二段階の果実を採食しはじめたのだが、このときは第一段階のときほど果実が地面に落ちてくることがなかった。こんどもまた注意深く観察してみると、このときのテングザルは、萼の部分と同時に果実をまるごと食べていたのだ。さらに月日が流れ、第三、第四段階になると、私の目の前には、果実の中の種子だけが取り除かれた萼と果肉部分がボトボトと落ちてきたのだ。テングザルは歯を使って上手に果肉部分を剥ぎ取ると、中の種子だけを口に運んでいた。

私の調査地内で確認された *A. insignis* の木は三本で、そのいずれも高さ二〇～二五メートル以上の大きな木であった。仮にそれぞれの木をⅠ、Ⅱ、Ⅲと番号をつけて呼ぶことにすると、ⅠとⅡでは少なくとも二〇〇五年一〇月～二〇〇六年一月の間にかけて結実していることを確認している。またⅢに関しては、テングザルが訪れた回数が少ないためにあまりよくわからないが、少なくとも二〇〇六年四月には結実していた。テングザルがそれぞれの木を訪れて果実のどの部位を採食したのかを示したのが図2・10であるが、この図からもっともよくテングザルが *A. insignis* の木を訪れたのは、十二月、ついで一月であるのがよくわかる。そして同月ではおもに種子が食べられていることから、テングザルがいかに植物の種子を採食のターゲットとしているのかがわかって頂けるだろう。

残念ながら、なぜテングザルが、このように果実の採食部位を変化させていくのかといったことは、科

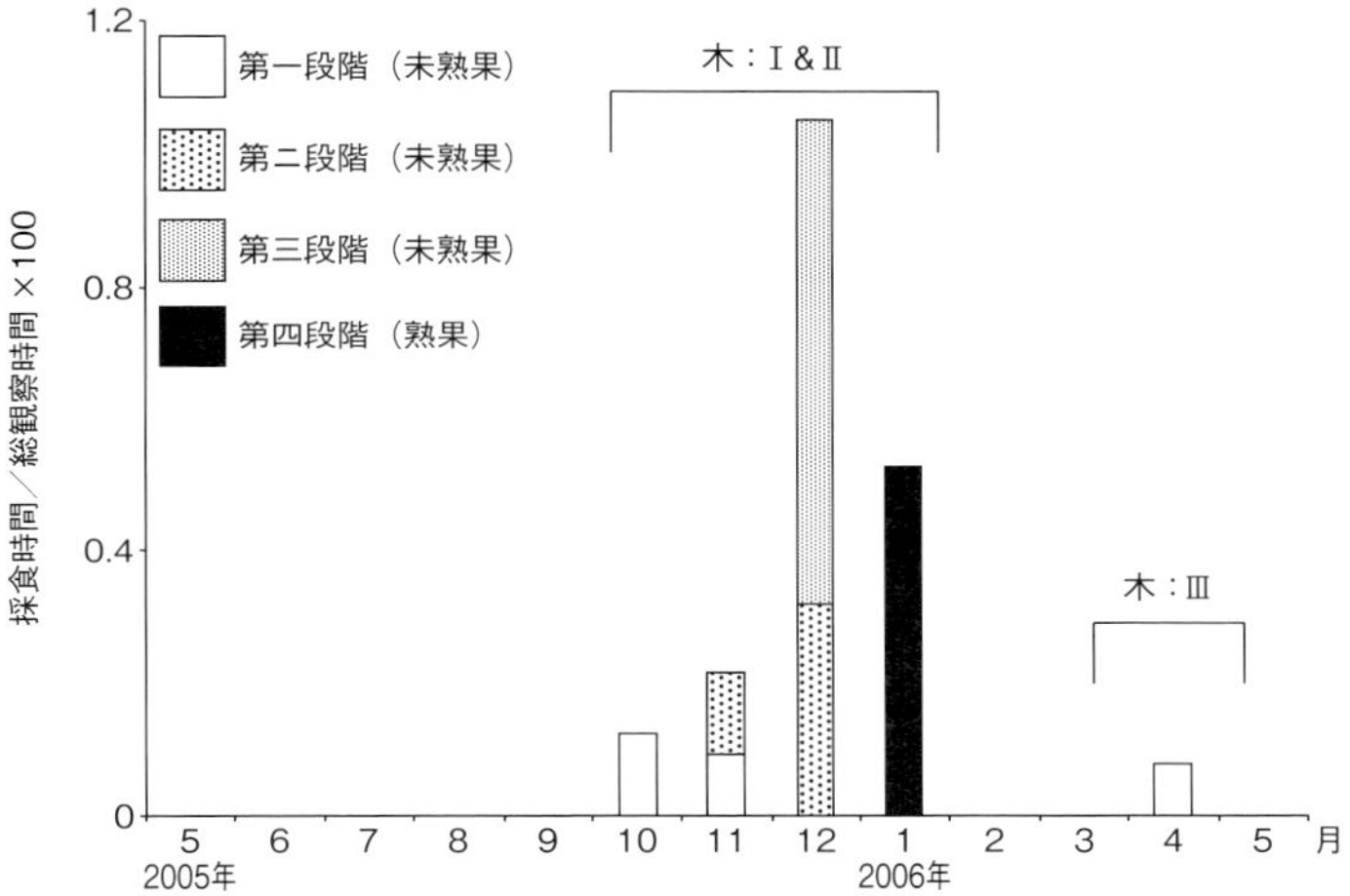

図2・10　各月の*Alseodaphne insignis*の果実の採食割合の変化（Matsuda, 2008を改変）．木ⅠとⅢでは，果実が未熟な段階から熟すまでのすべての段階で，テングザルが果実を採食するところを観察することができた．10月の果実が未熟な段階では，果実の萼の部分を選択的に食べ，11月の段階になると，萼に加えて果実も食べるようになる．12月以降，果実内に種子がはっきりと形成されはじめると，果実の中の種子だけを選択的に食べるようになり，果実を採食する時間割合も急激に増加した．

学的には証明できていない。おそらく第一段階では果肉部よりも大きな萼はテングザルにとって、より栄養価が高く魅力的な食べ物だったのかもしれない。また、果実が熟していく段階において、種子を選択的に摂取するようになったのは、種子には通常、多くの脂質が蓄えられており、熟れていない果肉部や萼よりもよりテングザルにとっては高質で効率のよい食べ物だったのかもしれない。このような採食部位の選択性を科学的に明らかにするためには、栄養分析というものをおこなう必要がある。しかし熱帯では必ず決まった時期に結実するという植物は少なく、運よく再び結実した時期にフィールドに滞在しているとも限らない。また分析のために、植物を国外へ持ち出すための手続きも一筋縄ではいかない場合がある。こういったことは日本国内のフィールドと違い、気軽に行くことができない海外のフィールドならではの悩みかもしれない。

マレーシアでの美味しい食べ物

テングザルの食べ物ばかりを紹介してきたのだが、ここでは少し私のマレーシアでの食事についてお話ししよう。イスラム国家であるマレーシアには、マレー系、中華系、インド系など、さまざまな人種の人が生活している。私の調査している小さな村では、基本的に村人はイスラム教であるが、プランテーションなどで働く人たちの多くは、フィリピン人、インドネシア人が多く、イスラム教徒ではない人も多い。イスラム教徒はいろいろな戒律にしたがって日々の生活をおこなっているが、それをどこまで厳密に守るかはかなり個人差があるようだ。たとえば飲酒については、基本的には禁止されているはずだが、イスラム教徒でありながら、かなりの酒豪を知っている。それでも私の知る限りでは「豚肉を食べない」ということに関しては、かなり厳密に守られている気がする。イスラム教徒が多い村で、豚肉を食べることは不可能に近い。もちろん鶏肉や牛肉でも十分なのだが、ときにどうしても豚肉が食べたくなる。そんなときは、月に一度のサンダカンの町への買出しのときに、中華系の食堂で豚肉の野菜炒めなどを食べるのだ。しかしそんな村での生活も、よく探せば美味しい食材は見つかる。たとえばバナナの花(写真a・b)は、煮込むととても美味しいし、まだ熟れていないマンゴを唐辛子とあえたものも美味である。ただし、こういった食材は村人との取り合いである。家の近所で目星をつけておいたバナナの花が、ある日突然、採られていた日には、なんとも悔しい思

写真　バナナの花がなっているようす（a）．花の内部の白い部分をココナッツミルクといっしょに煮込んで食べると美味しい（b）．花と同時にバナナの実ももちろん収穫する．数日間置いておくと，黄色く熟れてきて食べ頃になる（c）．

いをしなければならないし、マンゴにしても、熟れるまで待っていてはまず私たちの口には入らない。なぜなら、調査基地の向かいにあるマンゴの木に実がなると、私たちがいないときを見計らって、どこからともなく村人がバケツを持ってあらわれ、子どもを木に登らせてすべてもぎ取ってしまうからである。村の美味しい食材は、村人との競争である。

行動と採食の季節的な変化

私の調査地は赤道付近に位置しているために、日本のような春夏秋冬はない。そこに暮らす人々も、季節といった概念は日本人に比べて薄いような気がする。しかし日本のような四季がないかわりに、熱帯には乾季と雨季と呼ばれる二つの季節がある。文字通り乾季は乾燥して雨の少ない季節のことで、雨季はその逆である。気温も乾季に比べると雨季のほうが若干だが涼しい。乾季と雨季は、定義の問題ではあるが、一般的には一ヵ月の降雨量が一〇〇ミリ以下の月を乾季と呼

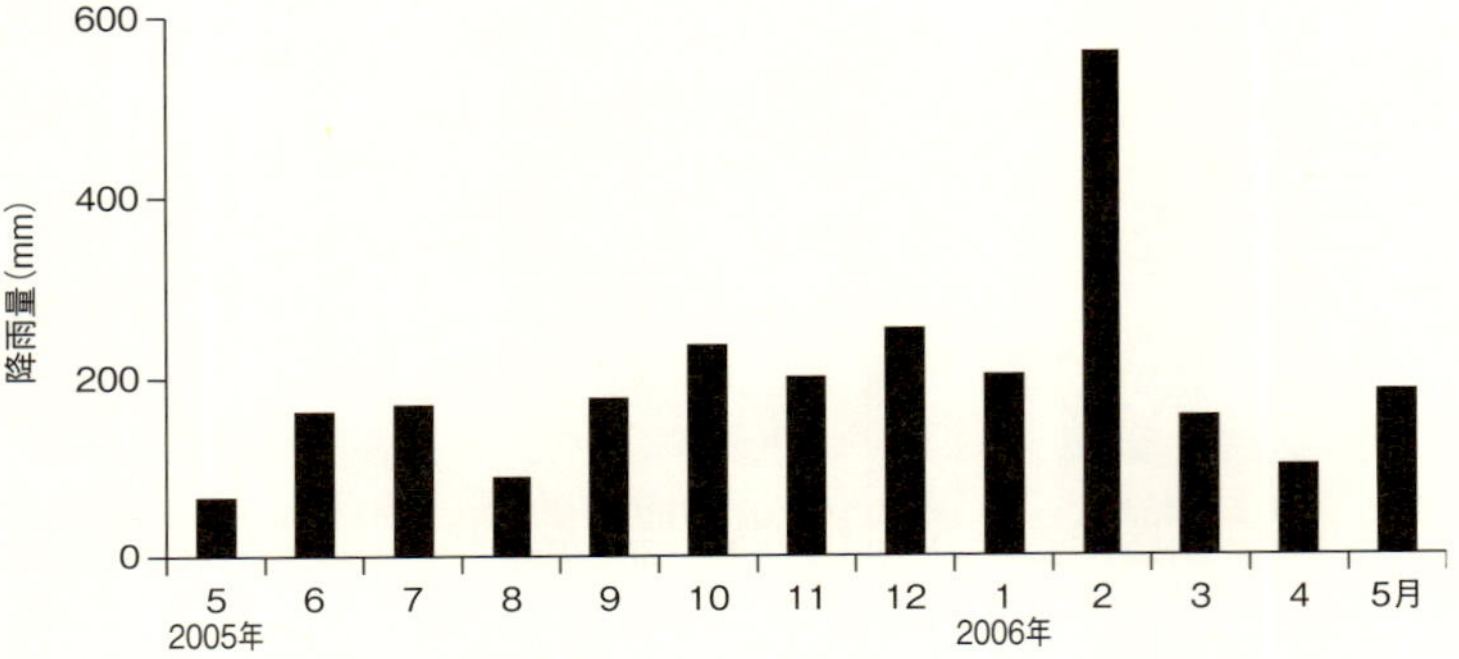

図2・11　調査地の月毎の降雨量の変化. 明確な雨季と乾季は見られない. 降雨計の中に溜った雨量を計量するのは, 毎日の日課の1つであった.

写真2・8　降雨計はとてもシンプルな作りで, 雨が降ると, 中央に見える丸い筒の中に雨が溜まる. そして, それを計測するだけの単純な作業である.

ぶことが多い。しかしこのような条件を私の調査地に当てはめると、乾季と呼べるほどの数ヵ月にわたる少雨の時期はきわめて少ない（図2・11、写真2・8）。そういう意味では、いったいどこまでを雨季と呼ぶのかといった定義も怪しくなってくる。とはいっても、森の中の植物は何かしらの決まったリズムをもって新芽を出したり、花を咲かせたり、そして実をつけたりする。そういった現象にあわせて、森の中では単調で休んでばかりいるテングザルの行動にも変化が見てとれる。ここからは、テングザルの行動が森の中の環境、季節的な変化にあわせてどのように変わっていくのかを紹介していきたい。

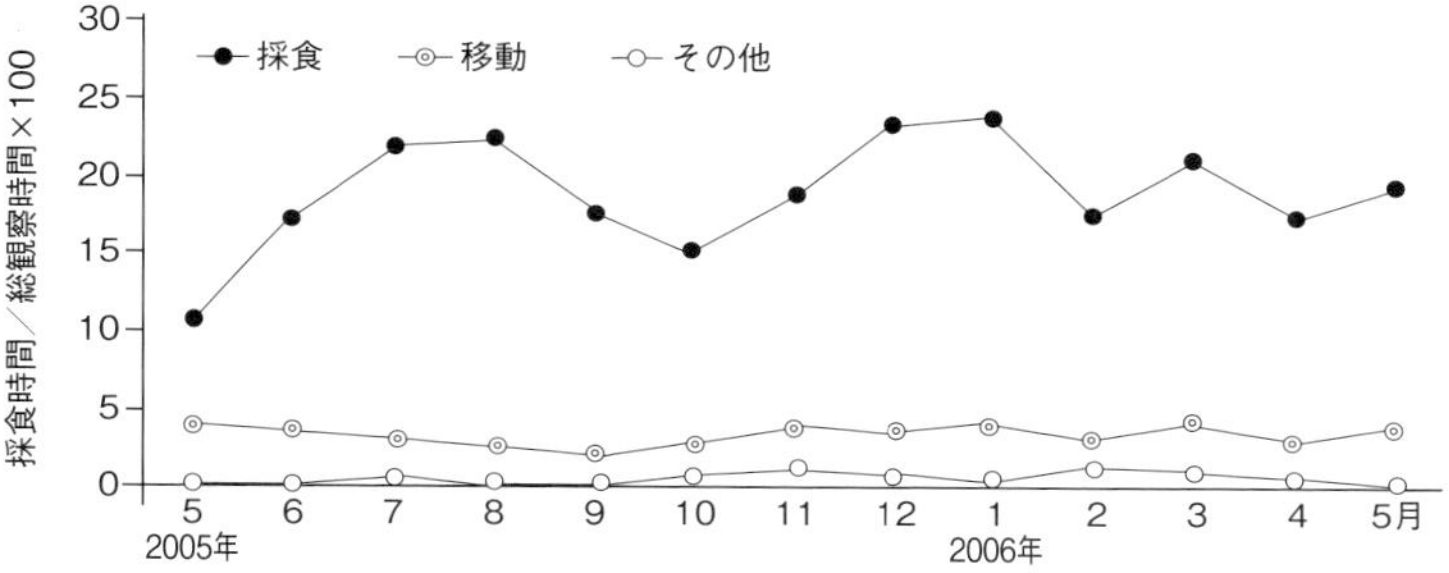

図2・12　活動時間割合の月毎の変化．採食行動は，移動，その他の活動に比べると活動時間に占める割合がもっとも高いうえに，月毎の変動も多きいことがよくわかる．

活動時間割合の季節性

図2・12を見て頂きたい。これはテングザルの一日の活動時間の大半を占める、非活動的な行動である休息を排除した、採食、移動、その他という三つの活動の月ごとの割合を示したものである。この図から、移動、その他という活動に比べて採食が、もっとも月ごとの変動が大きい活動であるということが見てとれるだろう。移動や、その他に含まれる社会的な交渉というのは、一年を通してその行動パタンにあまり大きな変化のない活動だといえる一方で、どうやらテングザルの活動の季節的な変化の鍵は、採食行動にありそうだということがわかる。

そこで、テングザルがどのような食べ物を月ごとに食べていたのかを調べ、若葉、果実、花それぞれの採食にテングザルが費やした時間の割合を図示してみた（図2・13a）。若葉はどの月もコンスタントに多く採食されているのに対して、花の採食時間割合は一年を通して低い。つぎに果実に着目してみると、その採食時間割合の月毎の増減が、若葉や花に比べるとひじょうに大きいことがわかる。つまり二〇〇五年五月や一〇月のような、果実をほとんど採食していない月がある一方で、二〇〇五年七月や八月、そして十一月のように、若葉の採食割合に迫る、あるいはそれよりも多い時間を果実の採食に費やす月があることが図からみてとれる。

そこで植生調査と、月ごとのフェノロジー調査で明らかにした、森の中のテングザルの餌資源量の月ごとの変化と、実際にテングザルが採食した各植物部位の時間割合の月ごとの変化を比較してみることにした（図2・13a、b）。すると、若葉と花の月ごとの餌資源量の変動と、若葉と花をテングザルが実際に採食した月ごとの時間割合の変化には、統計的に有意な相関が認められなかった。一方で、果実の餌資源量と果実の採食割合との間には、統計的に有意な正の相関が認められたのだ。これは森の中の果実の餌資源量が多くなる月には、テングザルは果実を大量に食べ、逆に森の中で実った果物の量が低下する月には、果実の採食を減らして別の若葉や花を採食しているということを示している。この結果は、単にそのときどきに森の中で資源量の多い食材を餌にして生活をしているというだけの結果のようにも見えるのだが、若葉や花に関しては、そういった統計学的な有意な正相関が得られていないことから、テングザルが、何かしらの意思をもって果実を選好して採食していることを証明した結果であるといえる。

また驚いたことに、各月ごとにテングザルが費やした果実の採食時間の割合と、採食全体の時間割合においても有意な正相関が見られた。つまりテングザルが果実をたくさん食べるときには、若葉や花を食べているときよりも、より長い時間を採食に費やすというのである。しかしここで大きな疑問にぶつかった。それはなぜ、果実の採食にたくさんの時間を費やすと、採食時間全体の割合も増すのだろうか。つまり、

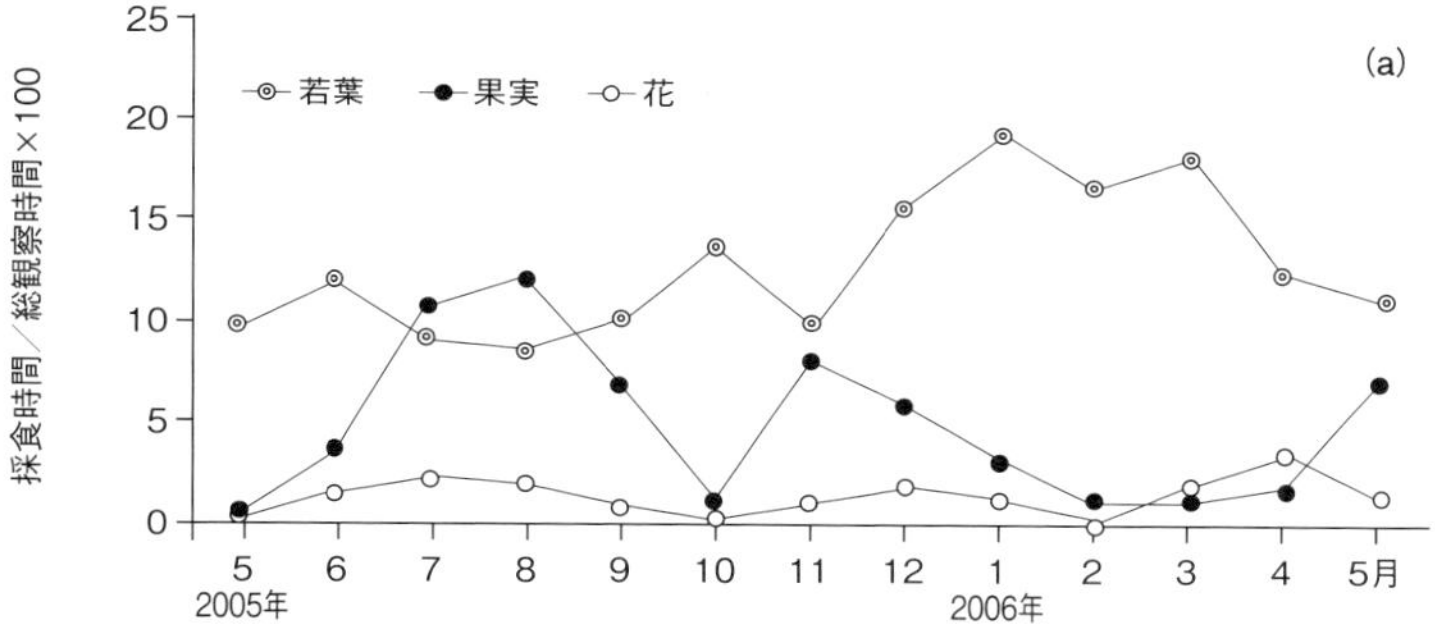

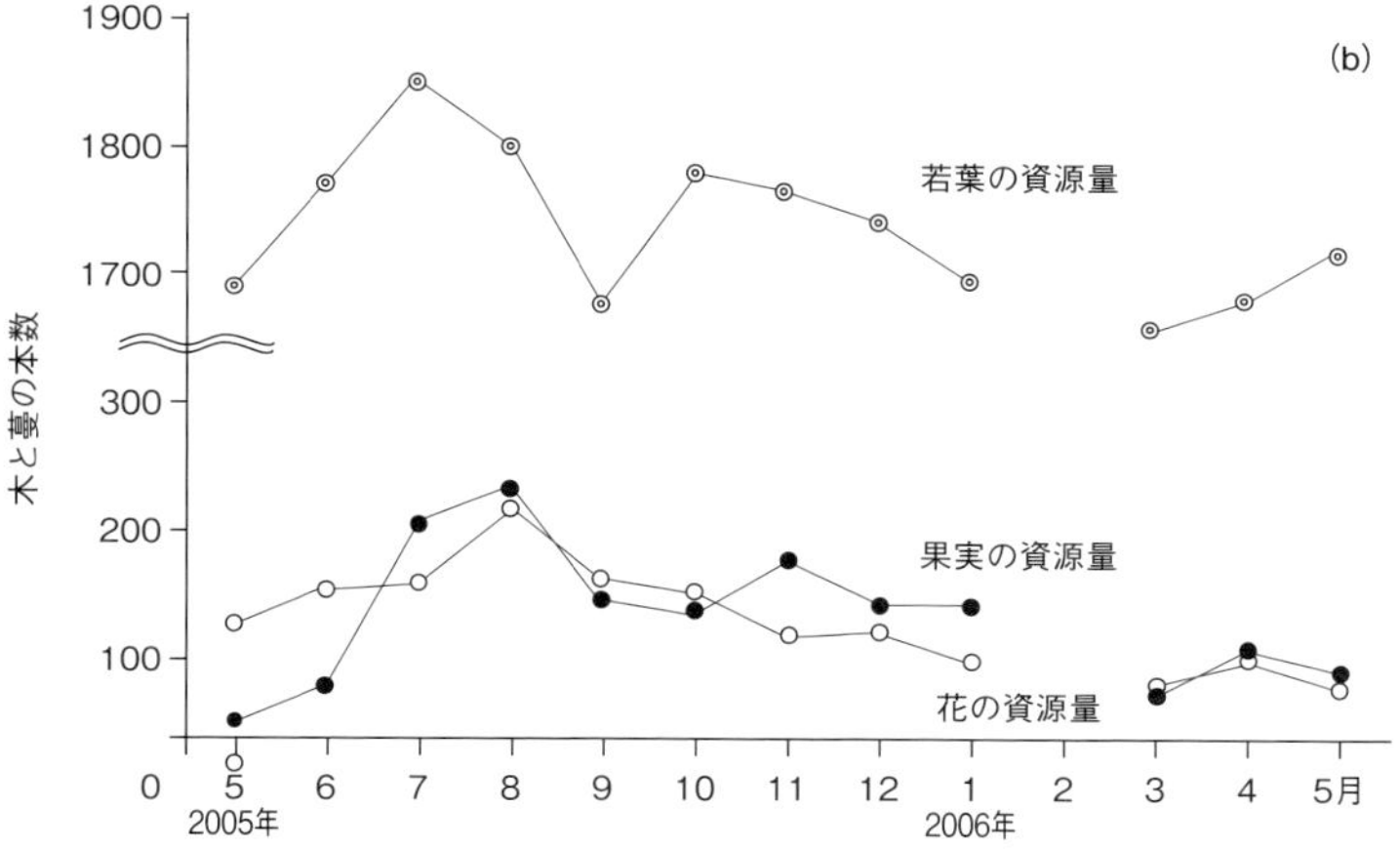

図2・13　a) テングザルに採食された各植物部位の月毎の時間割合の変化と，b) フェノロジー調査によって導き出した，テングザルの餌資源量の月毎の変化.

若葉や花に比べてなぜ果実だとテングザルは多くの量を食べることができるのだろうかという疑問である。考えられる理由として、果実は若葉や花よりも消化しやすいために、若葉や花に比べて次から次へと果実を採食、消化することで、果実を食べるときには採食時間も増加するという可能性である。テングザルの胃は他のコロブス亜科のサル同様に、葉に含まれるセルロースを効率的に分解できる特殊な胃をもっているが、他のコロブス亜科のサルに比べると、その胃の構造がより果実の消化に適していると言われている(Davies and Oates, 1994)。とくに繊維質の多い葉に比べると、果実や種子は一般的により消化しやすい炭水化物を多く含んでいる。消化しやすく容易にエネルギーになる果実や種子は、葉に比べて採食効率のよい食べ物であり、それゆえにテングザルは葉に比べて多くの量を一日に摂取できるのかもしれない。また、それゆえに葉よりも高質だと考えられる果実や種子をテングザルは好むのだろう。こういった考察を確実なものとするには、テングザルの食べた植物を徹底的に集めなおして、栄養分析をする必要がある。

しかしこの考察は、もう少し慎重に検討する必要があるだろう。つまり、忘れてはならない可能性として、今まで私が述べてきた採食量というのが、テングザルが実際に食べた時間の長さに基づいて計算されているという点である。つまり単純に、若葉よりも果実や種子を食べるときというのは、食べ物を口に運ぶまでに時間を要するために、テングザルが果実を食べるときには採食時間全体が長くなってしまうという可能性である。こういった疑問を打破するためには、テングザルがいったい何個の果実を口に運んだのか、また何枚の若葉を口に運んだのかといった詳細な観察に基づいて、食べ物の質を評価しなくてはならない。比較的地上性が強く、あまり森が茂っていない場所であればこういった観察も可能であり、実際に宮城県の金華山島(きんかさんとう)ではニホンザルの採食生態を調べている研究者たちによる、細かな分析が昔からおこなわれている（中川、一九九九）。残念ながら私自身は、こういった詳細なテングザルの採食のデータを集めていない。しかし今思えば、ある短い時間単位を設定して、テングザルが比較的観察しやすい場所で採食したときに、実際に何個の、あるいは何枚の果実、葉を採食したのかをビデオなどで録画しておくべきだったと後悔している。これは今後のテングザルの採食研究への課題である。

当初は、テングザルは葉食性の霊長類だと考えられていた。その後、いくつかのボートからの長期的な先行研究によって、テングザルも比較的よく果実を食べることが報告されたが、果実の資源量がその採食行動や活動時間割合にまで影響を与え得る大きな要素であることを明らかにしたのは、私の研究が初めてであった。このように、従来葉食性だと考えられてきたテングザルと同じ分類群に属する他のコロブス亜科サルたちにおいても、私の研究のように実際に調べてみると、思いのほか果実もよく食べているという報告が近年相次いでいる。そういったサルたちにおいては、ジャワラングールのように熟して汁気の多い果実を食べると報告されている稀な種もあるが（Kool, 1993）、やはりその多くは、テングザルと同じように未熟果や種子を好んで食べるようである。一方、コロブス亜科に属するサルで、比較的詳細な観察がおこなわれているにも関わらず、果実には興味を示さずに、ひたすら葉っぱを食べる種もいるというのもまた事実である。コロブス亜科のサルというのは、その分類群の中でも多様な採食行動が見られ、従来のようにコロブス亜科の特殊な胃の構造だけを見て、葉食に特化した分類群だと断定するのは大きな間違いなのである。コロブス亜科のサルたちは、葉食性に特化した胃を進化させながらも、おそらくはさまざまな環境にあわせてその食性を変化させていくという、柔軟な適応力をもった分類群なのだと私は考えている。

採食多様性の季節変化

つづいてお話しするのは、テングザルの採食多様度の季節的な変化についてである。すでに、テングザルが一八八種というじつに多様な食物を食べて森の中で暮らしていることを発見したことは述べた。ではいったい、テングザルは毎月どれくらいの植物種を食べて、その多様性は月によってどのように変動するのだろうか。実際に、各月ごとにテングザルが採食した植物の種数を示したのが図2・14である。これを見るとわかるように、たくさんの植物種を摂取した十二月（合計八二種）のような月もあれば、その逆にわずか三六種の植物種しか摂取しなかった月（九月）もある。ここで断っておきたいのは、各月によってテングザルの観察時間にばらつきがある点である。つまりより多くの時間、テングザルを観察した月は当然、その採食種数が多くなる可能性がある。また仮に、毎月同じ種数の植物をテングザルが食べていたとしても、特定の植物種の採食に多くの時間を費やし、他の植物種にはわずかな時間しか費やしていないような月があれば、その月の採食の多様度は高いとはいえないだろう。そういったバイアスを考慮するために、テングザルが各植物種の採食に費やした時間をもとに、シャノン・ウィーナーの多様度指数（H）というものを用いて、各月の採食多様度を計算した。この指数が大きくなれば、その月は多様な食物をテングザルが摂取したことを意味し、小さくなればその逆になる。多様度指数は、実際にテングザルが採食し

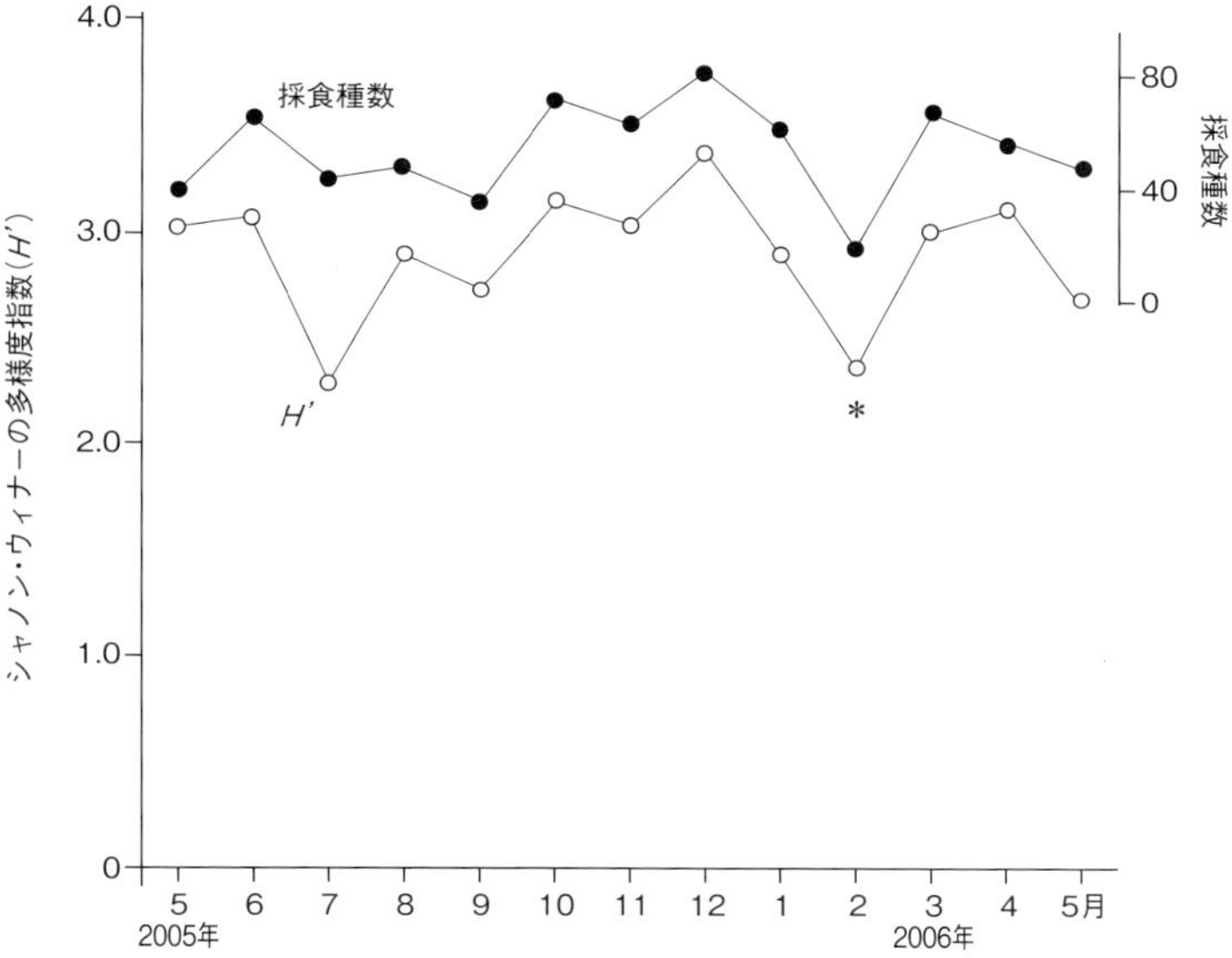

図2・14　各月にテングザルが実際に採食した植物種の数と，シャノン・ウィーナーの多様度指数（H'）の変化．＊2月は大洪水により，3日間しかテングザルの追跡をおこなうことができなかった．

た種数の変動と似たような変動を示し、最小で七月の2・3、最大で十二月の3・4であった（図2・14）。この図と、すでに示したテングザルが採食した各月の植物部位の図（2・13a）とを比較してみると、ある傾向が見えてきた。それは採食の多様度が低い月が、果実の摂取に多くの時間を費やした月と一致しているという事実である。実際に統計学的にも、各月のテングザルの採食多様度（H'）と、果実を摂取した時間割合には有意な負の相関が認められた。もちろん、各月ごとの若葉や花を摂取した時間割合とは有意な相関は見られなかった。驚くことに、ここでもテングザルの果実食というものが、その採食行動に影響を与えていることが明らかとなったのである。

何度も名前が登場しているYeager女氏

も、ボートからの観察ではあるが、テングザルが果実を食べるときにはその採食多様性が低くなることを示唆しており、私の結果もこれと一致している（Yeager, 1989）。ではなぜ、テングザルが果実をたくさん食べる時期には、その採食多様性が低くなるのだろうか。また逆に、テングザルが果実を食べない時期、つまりは若葉を多く食べる時期には、なぜテングザルの採食多様性が高くなるのだろうか。じつは、いくつかの霊長類種でテングザルの結果と同じように、葉を食べる時期には採食の多様性があがるという報告がなされている。霊長類における採食の多様度の変化を説明する仮説の一つとして、植物が動物による葉の被食を逃れるために生成する二次代謝産物との関係性が指摘されている。つまり、葉を多く食べる時期にはさまざまな種類の葉を食べることで、特定の二次代謝産物だけが体内に蓄積することを予防しているというのである。のちほど詳しく説明するが、テングザルが葉を多く食べるようになると移動距離も増す。これは、いろいろな種類の葉を食べるためには、通常よりも長い距離を移動しなくてはならなかったとも解釈でき（89頁の図2・17参照）、テングザルにおいてもこの仮説を検証する余地のあることを示唆している。また、果実を食べるときにはテングザルの採食の多様度も低下するという点を考えると、果実は葉に比べて二次代謝産物が少なく、その過度の蓄積も起こりにくいため、果実を食べるときにはさまざまな植物種を採食しなくても良いとの解釈もできるかもしれない。いずれにしても、テングザルの採食多様性の季節変化の理由を明確にするためには、テングザルが食べた植物種の成分分析をおこなう必要があるだろう。テングザルの研究に限らず、霊長類において、この採食多様性と二次代謝産物の蓄積回避に関する仮説をまじめに研究した例はひじょうに少ないのが現実であり、この課題を解き明かすような緻密な研究計画が求められている。

四季のない村で季節を感じる

日本人にとって、四季の移り変わりは当たり前の現象である。しかし熱帯気候である調査地では、そういった季節的な変化からは、一切隔離された生活をおくらなければならない。来る日も来る日も変化のない毎日である。熱帯は一日の中に四季があるという人もいる。確かに、早朝は春のようにすがすがしく、日中は真夏、そして夕暮れどきは秋のような涼しさ。夜は日本の冬とまではいかないが、それでも日本の熱帯夜のような暑さはなく比較的すごしやすく、なるほど一日の中に四季があるというのも頷ける。とくに雨の多くなる11月下旬くらいから3月上旬の雨季の夜などは肌寒く、長袖の羽織物が必要である。雨季の涼しさ、それは熱帯に住む人には貴重な期間で、いつもと違う感じを楽しんでいるようだ。おもしろいのは、若者、とくに町に住む若者がこの時期に長袖のセーターを着て歩いているのをしばしば見かけることだ。涼しいとはいえ、二五度くらいはある。いくらなんでも暑いだろうと思うのだが、雨季のこの短い時期だけに、なんとか我慢できるおしゃれであり、若者には人気だ。多少暑かろうが、おしゃれは我慢なのだ。快適さだけを追求し、最近は日本での出勤にもゴムサンダルを愛用している私も、彼らを見ると自分の学生時代のころを思い出したりして、そのやせ我慢の顔を見るのはなかなか楽しい。

私の調査する村は川沿いに立地しているので、雨季の中でもとくに雨の多い12月下旬から3月上旬にか

写真1　大洪水により，川の水位が平常時の3m以上も上昇して，私たちが暮らす家の1階部分は水に浸ってしまった（左）．幸い，住んでいたのは2階部分だったので，大きな被害はなかった．通常，ボートは家の前にある船着場に泊めてあるのだが，この時は2階に上がる階段にボートを停泊させていた。通常時の写真と比較すると（25頁の写真2・2），この時期の水位の高さがよくわかる．

写真2　オニテナガエビ（左）は蒸して食べたり，味噌汁に入れて食べたりすると美味しい．ナマズ（右）は，カレーに入れたり，フライにして食べたりすることが多い．現地の食材を楽しむことも，フィールドワークの醍醐味の1つである．

けては、「洪水」となる時期がある。とはいえ、濁流が村を襲うというような恐ろしい現象ではなく、村が面している大きな川の水位が一・二週間かけて大幅に上がってくるのである。しかし毎年起こる洪水の中でも、二〇〇六年の洪水は深刻であった。私の調査基地もこの川沿いに立っているのだが、毎日降り続く雨で日に日に川が増水して、二階建ての家の外にある階段にまで水が迫ってきたのだ（写真1）。しまいには、その階段までボートで来て、家に入るという始末だった。家の前の道もその船着き場も、すべて水没してしまったために、ボートがなくては家からも出られないような状況に陥った。このときは、村から町へ向かう道路も洪水で断たれ、村にはヘリを使って政府からの援助の食物が届けられるほどのちょっとした騒ぎとなった。この年には、普段は起こらない濁流が発生し、下流の方では小型ボートの転覆により何人かが死亡するという事故もあったという。幸いにも私たちは毎月一度、サンダカンという最寄りの大きな町で食料を買い込んでいたので、それほど困った事態にはならなかったが、おかげで調査のほうは難航した。

こういった洪水が年に一度あるのだが、この洪水が去ったあとは村はお祭り騒ぎになる。なぜなら、洪水が引き、好天が続くと水位が下がり、川エビや魚が大量に捕れる。どういうわけか、この時期になると川エビは大量に川沿いの泥にうち上げられ、素手で簡単に捕らえることができ、強大なナマズもなぜか水面に顔をのぞかせ動きも鈍いために、銛を使って簡単に捕獲できるのだ。とにかくこの時期は村人は大忙しで、朝から晩まで泥にまみれて、エビと魚捕りに熱狂する。私もテングザルの調査の合間に、その捕獲を試みたことがあるが、確かにおもしろいほど捕まえることができる（写真2）。時間を忘れてエビとナマズを捕まえ、その日の夕食は豪華になった。季節の移り変わりをあまり感じない所ではあるが、この場所ならではの季節行事も、ちゃんとあるということだろう。

テングザルの遊動パタン

採食行動とならんで、テングザルの森の中での移動パタンもまた謎に包まれていた。これはすでに述べた通り、テングザルが川沿いの泥濘がきつい場所を棲息地として好むため、研究者が森の中までサルを追跡するのが困難であるというのがもっとも大きな理由である。幸運にも私は、比較的地盤がしっかりしていて、森の中までサルを追跡できる調査地にめぐり会えたため、実際にテングザルを森の中へと追跡し、彼らがどのように森を利用しているのかを明らかにすることができた。一般的に霊長類は、一部の例外的な種を除けば決まった巣をもたずに、彼らの棲息域の中で食物を食べ、休み、そしてときおり毛づくろいなどの社会的な交渉をして暮らしている。こうした一見すると自由気ままに動き回っている霊長類の生活様式のことを、日本の霊長類学者は、「遊動様式」という。ここではテングザルが森の中をどのように遊動し、どのような要素によってその遊動パタンが決められているのかについて話していきたい。

遊動域

まず二〇〇五年五月から二〇〇六年五月の十三ヵ月間に、テングザルが森の中のどのような場所を移動したのかを図2・15に示した。通常、森の中でテングザルの群れのメンバーは、お互いに五〇メートル以上もの距離を離れて遊動することはめったにない。そこで、地図上に五〇メートル四方（五〇×五〇）の正方形の格子を設定して、その格子内を追跡したテングザルの個体が通過したときに、その格子を塗りつぶし、研究対象のBE群が利用した地域とした。また何回その格子を通過したかで色分けをして、頻繁に利用する地域とそうでない地域がわかるようにした。十三ヵ月の調査中に、テングザルはマナングル川を基点として、合計で地図上の格子を五五三個、一三八・三ヘクタールもの森を遊動域としていることが

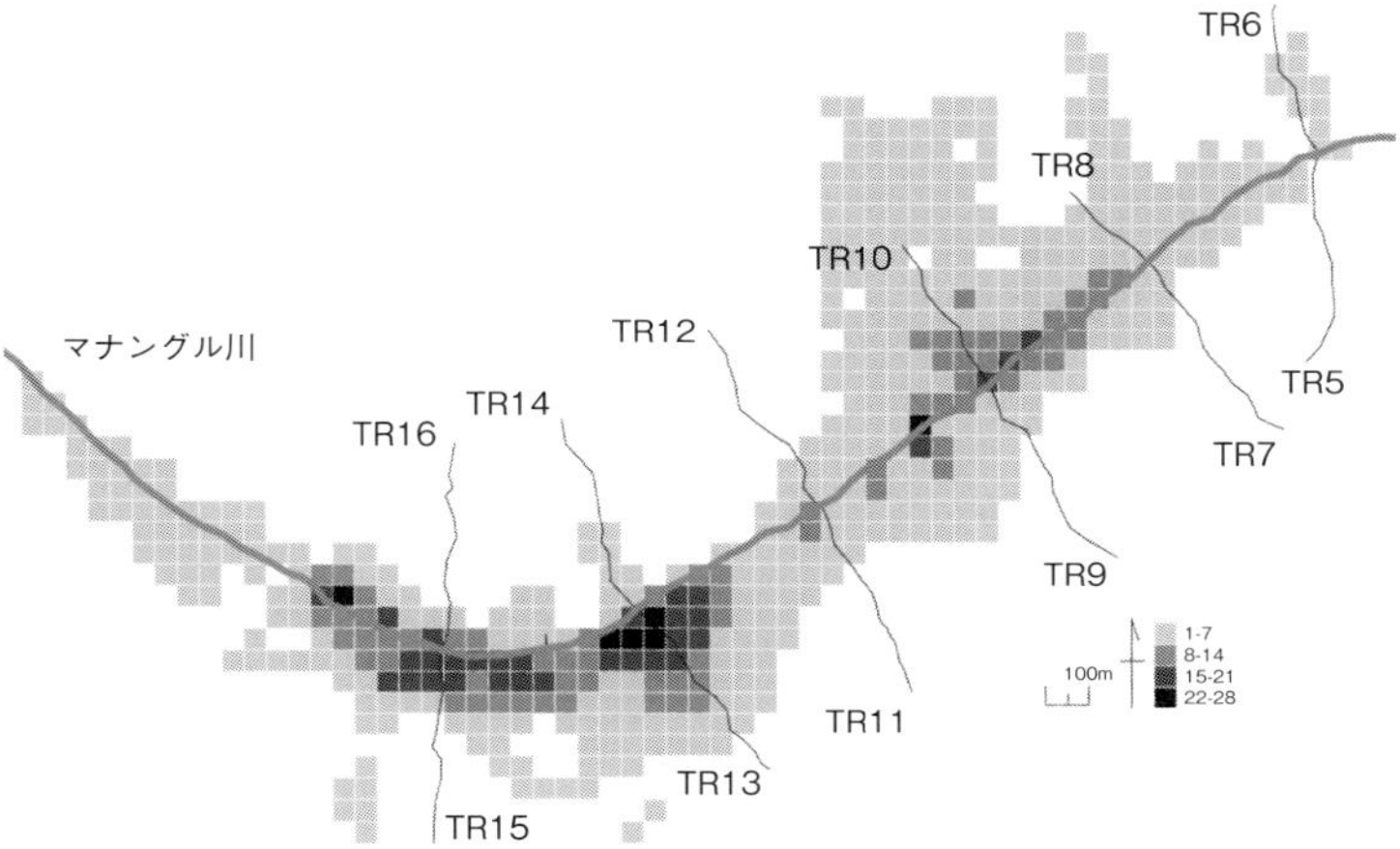

図2・15　テングザルBE群の遊動域．50×50mの格子を地図上に置き，その格子をBE群が通過した回数で格子を色分けしている．色が濃い格子ほどBE群がよく利用したことを示している（Matsuda et al., 2009bを改変）．

明らかとなった。また、最大で八〇〇メートル近い距離を川岸から離れて移動することが今回の研究で初めて明らかとなった。ではこの研究で明らかになった、テングザルの遊動域は先の研究報告と比べて大きいのだろうか、それとも小さいのだろうか。通常、霊長類の同種内における遊動域の違いというのは、餌資源量、そして群れの頭数などの影響を受けているといわれている。つまり、餌資源量の多い地域に棲む群れは、それが少ない地域に棲む群れと比較して、食べ物を探し回るために広い地域を遊動する必要性が低くなり、遊動域も小さくなるといわれている。また群れを構成するサルの頭数が多い群れは、少ない群れに比べると、群れ全体で必要な食べ物の量が多くなるために、より広い地域を遊動するといわれている。

私の調査地のテングザルの遊動域は、約一三八ヘクタールだったので、これを群れの全個体数で割った数字が一頭当たりの遊動域であり、それは八・六ヘクタールであった。このことを踏まえて、過去におこなわれた研究で推定されているテングザルの遊動域と、群れの頭数当たり遊動域を比較してみると、テングザルの棲息する森の環境によってその値が大きく変化することがわかった。たとえば、私の調査地を流れるキナバタンガン川をさらに下流に下ったところに広がる、マングローブの林でおこなわれた研究では、遊動域が三一五ヘクタール、一頭当たりの遊動域は二一・六ヘクタール。またそれとは別のサラワク州のマングローブ林でおこなわれた研究では、遊動域九〇〇ヘクタールで、一頭当たり五六・三ヘクタールの遊動域と計算された。これらマングローブ林に棲息するテングザルの群れは、どうやら私の調査対象とした、川辺林に棲息するテングザルの群れよりも、はるかに広い遊動域を必要とするようである。一方で、インドネシア領のカリマンタン島の泥炭湿地林でおこなわれた研究では、群れの遊動域は一三七ヘクタール、一頭当たりの遊動域も一三・四ヘクタールとなり、川辺林の私の結果と近い値が得られた。これらの比較から、マングローブ林は川辺林や泥炭湿地林に比べると、テングザルにとっての餌資源量が少ないように見える。残念ながら、各調査地の餌資源量を比較するための植生データは存在しないために、明確な数値で議論はできないのだが、最近になって私が開始したマングローブの林は、わずか数種類の植物だけで森が構成されており、数百時間のテングザルの観察をしても、テングザルが採食した植物種は一〇種以下である。やはりマングローブ林というのは、テングザルにとって、利用できる食物資源の少ない森であるという可能性が高い。

しかしここで忘れてはならないのが、過去のテングザル研究において報告されている遊動域というのが、「推定値」であるという点である。この遊動域の推定は通常、テングザルのある群れが泊まり場とした川の最上流地点と、最下流地点の距離を基準に算出されている。実際にテングザルを森の中まで追跡せずに、川の両岸から森の中へそれぞれ五〇〇メートルの範囲をテングザルが利用すると仮定して、それにテングザルが泊まり場として利用した川の距離を掛け合わせたものを遊動域として推定する。たとえば、テングザルが川岸に沿って三〇〇〇メートルの範囲を泊まり場として利用したとすると、その遊動域は、三〇〇〇メートル×(五〇〇メートル+五〇〇メートル)という簡単な数式で計算できるわけである。このような単純な式でテングザルの正確な遊動域を算出できないのは、私の研究に当てはめてみればすぐにわかる。仮に、この数式を当てはめた場合の私の研究した群れの遊動域は三八五ヘクタールとなり、かなりの過大評価になってしまう。これは当然で、テングザルが川の両岸から、森の中へ五〇〇メートルの範囲をまんべんなく利用するはずもなく、実際は図2・15からもわかるように、あるところでは川岸近辺しか利用しないが、またある場所では五〇〇メートル以上も森の中を移動するために、このような単純な式では算出できないのである。とはいえ、このように計算されたアバウトなテングザルの遊動域であっても、棲息する森林タイプによって異なるという議論が、まったく無駄だとはいいきれない。今までの研究で報告された遊動域の推定値が、過大評価であったとしても、たとえばマングローブ林で報告された九〇〇ヘクタールという広大な遊動域は、私の川辺林での研究よりもはるかに大きな値である。やはりテングザルの棲息する森林のタイプと、遊動域の違いは、餌資源量の影響を少なからず受けている可能性がおおいに考えられる。

一日の移動距離

繰り返しになるが、テングザルの一日の活動時間の中で移動に費やす時間というのはごくわずかであり、全体の三・五パーセント程度にすぎない。では実際に、一日どれくらいの距離を移動するのだろうか。ここでいう移動距離とは、群れとしての移動距離で、基本的に群れの中心にいることが多いオトナ・オスの移動距離のことを意味する。私の対象群であるBE群の朝の泊まり場から、夜の泊まり場まで完全に追跡できた日は一六一日あり、もっとも長い距離を移動した日は一七三四メートル、逆にもっとも動かなかった日で、わずか二二〇メートルの移動距離であった。図2・16があらわしているように、一日に一〇〇〇メートル以上の長距離を移動する日はあまり多くはない。通常、一〇〇〇メートル以上を移動する日は、川岸の木々を伝って川沿いを上流、または下流部へと移動することが多く、川岸から遠く離れた森の奥を利用しないことが多かった。テングザルは、夕方までには必ず川岸に戻って眠らなくてはならないという、遊動における特殊な制約を受けている。川沿いを移動するときは、暗くなる前に川岸に戻らなくてはならないという制約を受けないため、より長い距離を移動できるのかもしれない（Matsuda et al., 2009b）。

テングザルの一日の移動距離の平均値は、七九九メートルである。この値は他の霊長類と比べて長いのだろうか、それとも短いのだろうか。同じ分類群内の他のコロブス亜科のサルと比較してみると、シシバナザル属（*Rhinopithecus*）のキンシコウのように平均で一〇〇〇メートル以上を移動する例外的な種

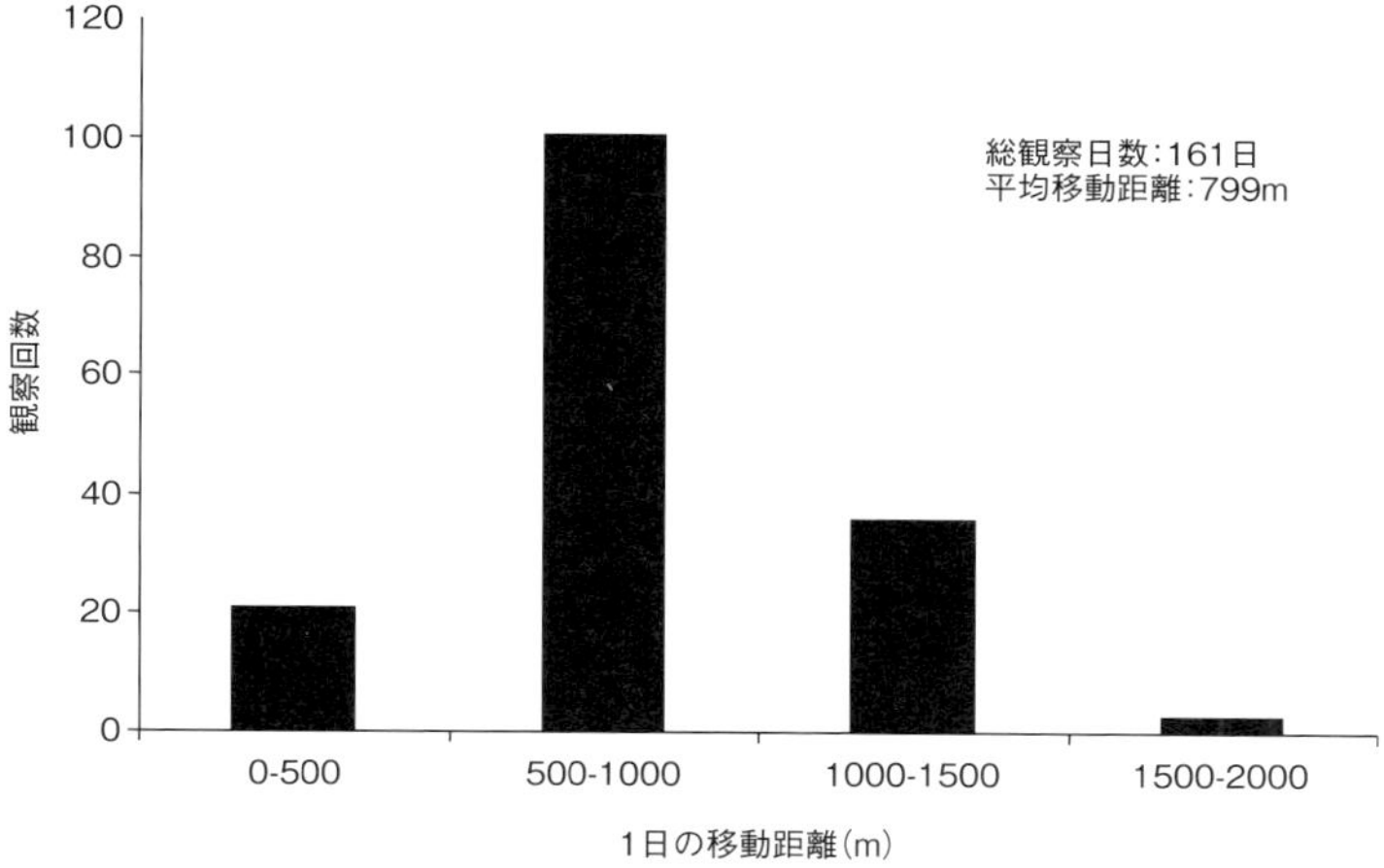

図2・16　テングザルBE群の1日の移動距離の分布. 1日に1000m以上を移動する日は稀である.

もあるが、ほとんどの種において、一日の移動距離は一〇〇〇メートル以下である(Campbell et al., 2007)。つまりテングザルの一日の移動距離は、コロブス亜科のサルとしては平均的な値であるといえる。一方、他の分類群で果実食性だといわれている霊長類では、コロブス亜科のサルよりもより長い距離を一日に移動する。たとえば、私が修士課程のときにコロンビアで研究していたクモザルでは、平均して採食の中のおよそ七〇パーセントを果実が占めており、一日の移動距離は二〇〇〇メートルを越えることがふつうである(Campbell et al., 2007)。果実の採食が六〇パーセント以上を占めるチンパンジーでは、四〇〇〇メートル以上もの距離を一日に移動することもあるようだ(Campbell et al., 2007)。果実に比べると、季節的な資源量の変動が少ない葉は、霊長類にとってあまり移動しなくても比較的容易に手に入りやすい食物だといえる。また果実に比べると、食物繊維の多い葉は、その消化により長い時間が必要であり、それにより移動に費やせる時間も減少してしまう。このような理由から、より多くの葉を採食するコロブス亜科のサルたちの移動距離は、より果実食性の強い他の霊長類種に比べて、一日の移動距離が短くなるのだろう。実際に移動した距離ではなく、霊長類が移動に費やす時間の割合ではあるが、採食の中で葉を食べる割合が高い種ほど、移動に費やす時間が少なくなるという傾向が、二三種類の霊長類を比較した結果からも報告されている(Smuts et al., 1987)。葉食性だと考えられてきたテングザルだが、私の研究によりじつは果実や種子を好むことが明らかになった。しかしそれでも、果実食性だといわれている霊長類に比べれば、果実を食べる割合は少なく、移動距離においても、やはり葉食性の霊長類と同じような傾向を示しているといえる。

一日の移動距離の季節性

霊長類の一日の移動距離に影響を与える要素として重要なものの一つには、餌資源量があげられる。また一年中をとおして森でたくさん手にはいる食べ物としての葉よりも、季節的な変動が大きい果実を主要な食べ物とする霊長類のほうが、より移動距離の季節的な変化が著しい場合が多い。すでに何度も述べたように、今までテングザルは葉を好むサルだと考えられてきた。しかし、胃の構造は葉食に特化しており、全体としては葉を多く食べる傾向にあるテングザルであるが、果実の多い時期には葉よりも果実を好んで採食するという事実が明らかになった。また、テングザルの一日の活動時間の割合にも季節性がある

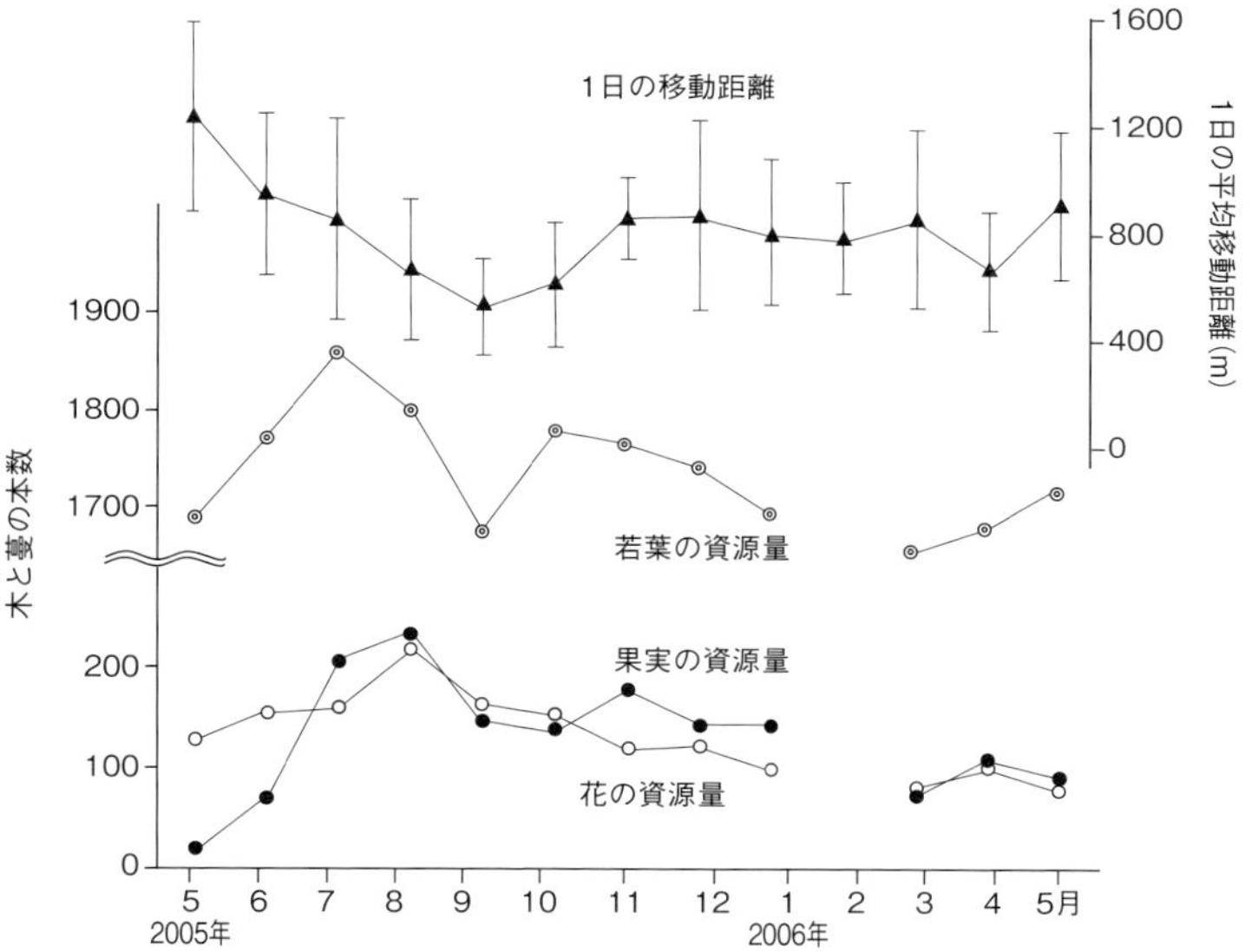

図2・17　テングザルBE群の月ごとの1日の平均移動距離と，フェノロジー調査により得られた，月毎の植物部位の資源量の比較．垂直線は，標準偏差を表している．

ことが明らかになり、テングザルの一日の移動距離に関しても、なんらかの季節的な変動がある可能性が高いことが予想される。はたしてテングザルの一日の移動距離には、季節性があるのだろうか。また、移動距離はどのような環境要因によって影響を受けているのだろうか。

図2・17は、研究対象としたテングザルBE群の、一日の移動距離の月ごとの平均値を示している。確かに各月ごとのテングザルの一日の移動距離の平均値は、大きく変動していることが見てとれる。そこでこの移動距離の各月の変動が、若葉、果実、花という各月のテングザルの餌資源量の変動で、どれくらい説明ができるかということを調べてみた。すると各月の移動距離は、果実の資源量とのみ統計学的に有意な負の

相関が認められたのだ。つまり若葉でも花の資源量でもなく、果実の資源量がテングザルの移動距離に影響を与える重要な要素であり、果実が森に多い時期には、テングザルはあまり移動しなくなるという結果が得られたのである。逆にいえば、果実が森に少ない時期には、テングザルが一日に移動する距離が長くなる傾向があるともいえる。

なぜテングザルは、果実を食べる割合が増加すると一日の移動距離が減少するのだろうか。果実食性であるクモザルやチンパンジーでは、果実を食べる割合が高くなると、一日の移動距離が長くなる傾向が報告されていて、テングザルと同じコロブス亜科のハヌマンラングール（*Semnopithecus dussumieri*）、ボウシラングール（*Trachypithecus pileatus*）、バンデッドラングール（*Presbytis femoralis*）でも、果実や花といった季節変化の大きい食べ物を食べるときには、同様に移動距離が長くなることが報告されている。これは葉と違って、果実や花は森の中に均一に分布していることが少ないために、こういった霊長類は果実を食べるために森の中で実をつけている木を転々と移動しなくてはならない。そのために果実や花の採食割合が増えると、一日の移動距離が長くなると考えられている。なぜ、テングザルにこの論理が当てはまらないのだろうか。これを調べるには、テングザルが好んで食べた果実の植物種について、もう少し深く見ていく必要がありそうだ。テングザルの果実の採食割合が増加したときに食べていたのは、トウダイグサ科の *Mallotus muticus* という木や、ロフォピクシス科の *Lophopyxis maingayi* といった植物種であり、どちらも植生調査の中でもっとも多く見つかった木本植物と蔓植物であった。言い換えれば、私の調査地内の森において、優占種となっているのがこの二種なのである。これらの植物は、時期がくると一斉に実をつけ、森を少し歩けば結実している木や蔓を容易に見つけられる。つまりこういった優占植物種が実をつけている時期は、葉のような森の中に均一に分布している餌資源と、同じ状態にあるといえるのだ。このようにテングザルの好む果実というのは、森の中でも優占的な種が多いために、それらの植物が実をつけるときには、テングザルはあまり動かずしてその実を食べることができ、チンパンジーなどの他の霊長類種とは逆に、移動距離が減少する傾向が見られたのだと考えられる。

逆に、テングザルが果実を食べなくなる、つまりは葉を食べるようになると、その移動距離が増加するともいえる。すでに述べたように、テングザルが葉を多く食べるようになると、採食の多様性が増し、それは特定の植物の二次代謝産物が体内に蓄積することを避けるためだと考えられる。テングザルは、葉を多く食べるようになると、さまざまな種類の葉を摂取する必要があり、さまざまな葉を摂取するために森の中を移動して、それらを探し回らなくてはならないという説明も成り立つだろう。しかしコロブス亜科のサルを含む他の霊長類では、葉を多く食べるようになるとその移動距離が減少するという例のほうが多く、テングザルのような逆の傾向を示す種は稀だといえる。

では、餌資源量以外に、何かテングザルの移動距離に影響を及ぼす環境要因はないのだろうか。私は観察をとおして、直感的に雨が多く降れば移動距離が減少するのではないかと考えた。実際にテングザルは、朝から雨が降るような日には、いつまでも泊まり場とした川沿いの木から動かずに、正午近くまで同じ場所でじっと休んでいることをしばしば目撃していた。そこで、テングザルの移動距離と降雨量の関係を調べてみることにした。確かに私の予想通り、テングザルを終日追跡できた一六一日の移動距離と、追跡した日の降雨量には有意な負の相関が認められた。しかしそれはごく弱い相関であり、やはりテングザルの移動距離に影響を与える大きな環境要因は、餌資源量のほうが重要なようだ。

洪水期の遊動の激変

これまでにテングザルを研究した研究者は皆、夕方になるとテングザルは必ず川沿いの木で眠るものだと報告してきたし、私もそれを信じて疑わなかった。しかし報告されていたいくつかの論文に記されていた、雨季になるとテングザルが見つかりにくくなる、という内容が少し気になっていた。そして、忘れもしない二〇〇六年一月十一日のことだった。すでに十八時を回り、辺りは薄暗くなっているにもかかわらず、私の研究対象群のＢＥ群はいまだに森の中にいた。それまでも川岸から五〇メートルほど離れた林内には、このくらいの時間になっても採食していたことは何度かあった。しかし今、私たちのいる場所は、川岸から五〇〇メートル以上も離れた森の中である。そしてなんとＢＥ群は川岸へは戻らず、そのまま森の中で眠りについたのだ。私はこの誰も見たことがない、誰も知らないテングザルの新しい生態を発見したときの、震えるような感動を今でもはっきり覚えている。ここからは、なぜ必ず川岸に戻って川沿いの木で寝ていたテングザルが、ある日突然、森の中で眠るようになったのかという謎を解き明かしていきたい。

森で眠るテングザルを追って

二〇〇五年の十二月下旬は、朝から晩まで雨が降り、ほとんど日が差さない日が続いた。どうやら、毎年やってくる洪水が近いようだ。毎年だいたい、クリスマス・イブから、翌年の中国正月(旧正月のことで一月末〜二月初め)までこのようなどんよりとした天気が続くことが多い。一月に入っても雨が多く、調査に出かける早朝から、観察を終えて家に戻る晩まで雨が降り続くという憂鬱な日が続いた。私は水位を測るために、五メートルの鉄木に五センチメートル間隔で目盛りをつけたものを、マナングル川の河口に設置しており、調査をするためにそこを通過するときは、必ず水位を記録している(写真2・9)。雨の降り続くことが多くなったこの時期、水位を示す目盛りは、毎朝調査のたびに上昇していった。いつも水位は、一〇〇センチメートル前後がふつうである。私の調査地は淡水域ではあるが、それでも潮の満ち引きの差が大きいときには、朝と晩で一メートル近く水位が

写真2・9　マナングル川の河口に，水位を計測するために5mの長さの水位計を設置している．この水位計を設置するときは，調査助手たちといっしょに川に潜っての大変な取り付け作業であった．

変動することがある。いずれにしても、毎日雨が降るようになってからというもの、水位は日々増加を続け、ついに二〇〇センチメートルを超えた。このくらいになってくると、テングザルを森の中で追跡するために、川岸にボートをとめるのにすら苦労するようになってくる。増水した水が、森の中にまで浸水しているために、枝を鉈で切り払いながら、ボートで森の奥の水に浸かっていない陸地まで行き、そしてボートをとめなくてはならないからだ。ぶじにボートをとめて追跡できたとしても、森の中は毎日の雨で浸水しており、場所によっては長靴の中にまで泥水が入ってくることもある。そんな深い泥濘の森の中をサルを見失わないように、慎重に歩き回らなければならなかった。二〇〇六年一月十一日には、水位はすでに二三〇センチメートルを突破した。川岸から五〇〇メートルほども離れた森の奥にまで、水は浸水している。森の中で浸水していないのは、少し小高くなっている一部のみであり、そこにボートを縛り付けて、膝にまで迫る水の森へテングザルBE群の追跡を開始した。午後の十六時になっても、群れは一向に川岸に戻る気配はなかった。このとき私は、もしかしたらBE群は、このまま森の中で眠るのではないかと予感していた。そして十七時、十八時としだいに薄暗くなるにも関わらず、川岸から五〇〇メートル以上も離れた場所に留まっているBE群にわくわくした。いったいこの後どうなるのか、何が起きるのか……けっきょく十八時十五分になって、すっかり日が暮れても群れは川岸に戻らず、BE群は森の中で眠り始めた(図2・18)。それを確認した後に、私たちもその場を離れ、真っ暗になり浸水した森の中を恐る恐るボートをとめてある場所にまで戻った。なんとかボートにたどり着き、調査基地に帰るまでの間は、この大きな発見に大興奮であった。

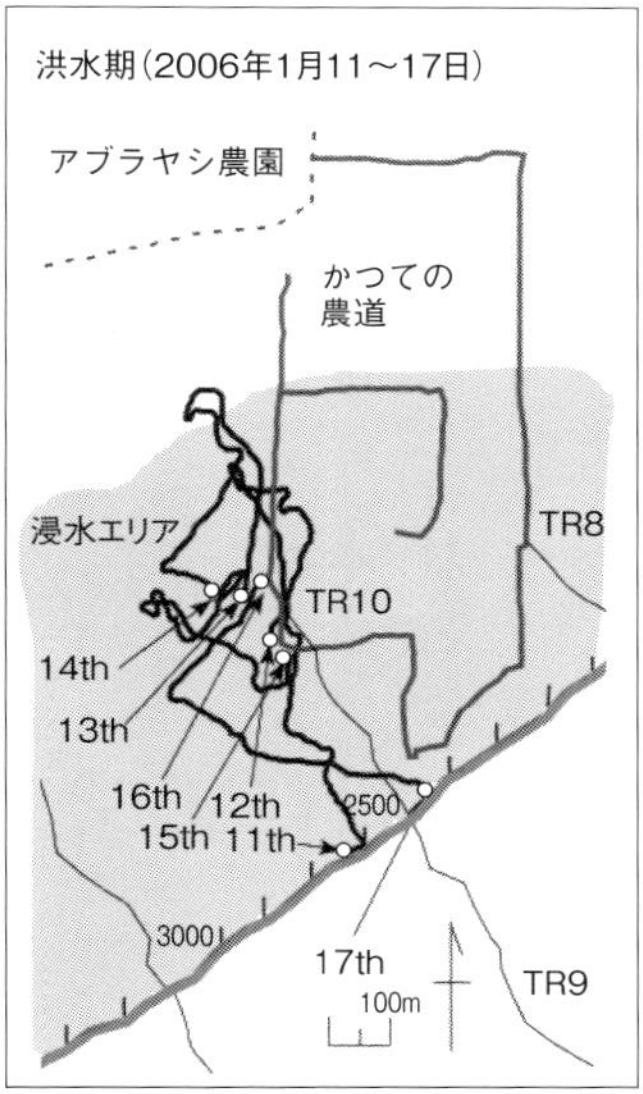

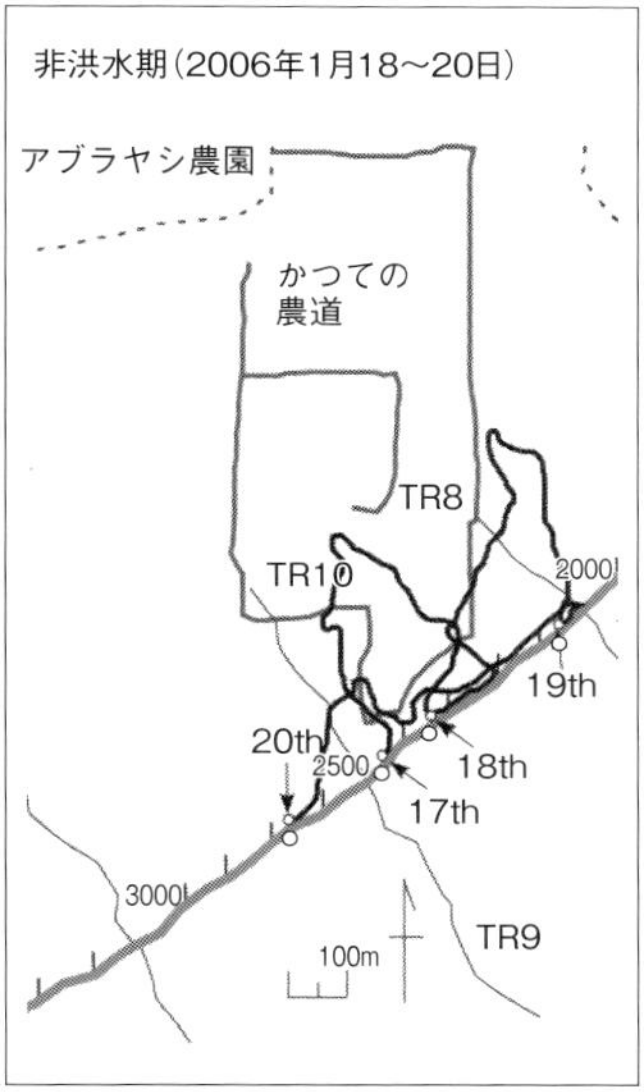

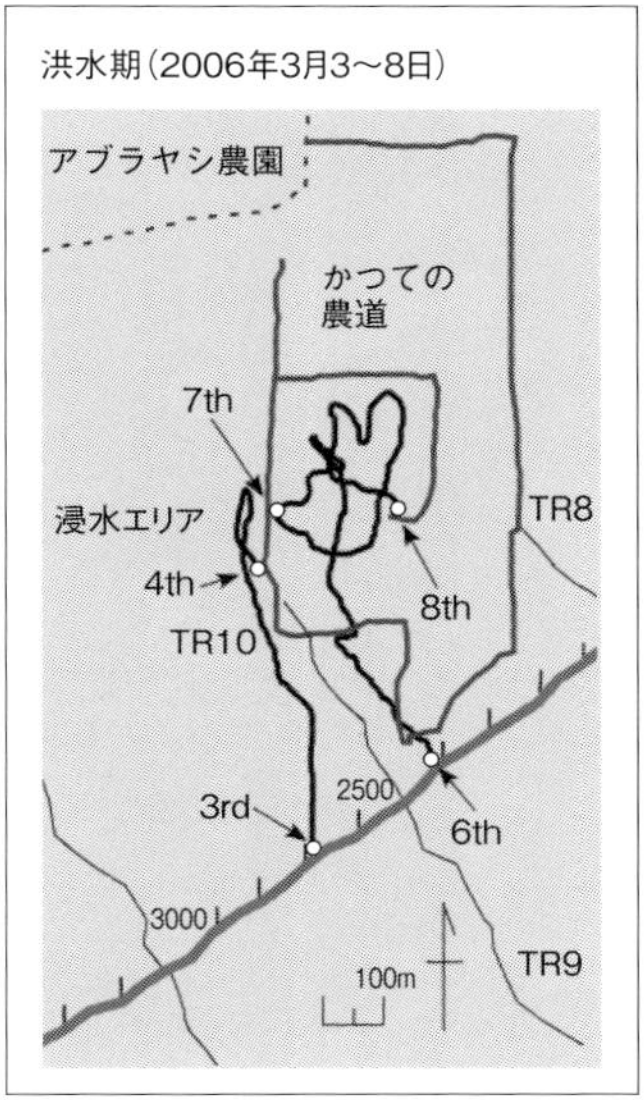

図2・18　2006年の1月の洪水は10日間にも満たない短いもので，腰まで水に浸りながらもまだテングザルのBE群を観察することができた(図左上)．10日あまり続いた洪水がおさまると，BE群は何事もなかったかのように川岸に戻ってきた(図右上)．一方で，2～3月にかけて発生した洪水は1ヵ月以上も続き，森の浸水具合も1月の時とは比べものにならないくらい深刻であった．私が確認した範囲では，マナングル川の川岸から2kmも離れた場所であっても浸水していた(図左下)．この大洪水のときには，ボートで森の中へ入り，いつもは歩いてサルを追いかけている場所を，ボートを使ってサルの追跡をおこなった．地図中のグレーに網掛けされた部分が浸水している部分．白丸と数字は，BE群が泊まった場所と日付を示している．

翌十二日も早朝からＢＥ群の森の中の泊まり場へ急ぎ、群れが確実に森の中で寝たことを再度確認して、群れの追跡をおこなった。やはりこの日も、群れが森の中で眠るのを確認することができた。しかし、こうして群れを浸水した森の中で追っている間にも、水位はどんどん上昇して、十六日には二六〇センチメートルにまで達した。この頃になると水は常時腰まであり、朝から晩まで水に浸かっての調査は大変であった。幸運だったのは、水位が急激に上がりはじめてからは雨が降ることがなく、陽の差す日が多かったということである（おそらく遠く離れた上流部では雨が降っていたために、雨が降らないにもかかわらず水位が上昇しつづけたのだろう）。とにかくこのときは、テングザルが森の中で眠るという新しい発見に興奮していたためか、今思えば過酷で危険な調査も、それほど苦だとは思わなかった。結局十七日からは水が引きはじめ、十八日には水位が一八五センチメートルにまで下がり、テングザルの群れも何もなかったかのように夕方になると、今までどおり川沿いの木で泊まるようになった。

この洪水がおさまり、ようやく元通りの調査の体制に戻ったことに少し安堵していたのだが、二月五日から再び水位が上がりだし、二月七日にはいっきに二七〇センチメートルに到達した。この時期から、研究対象のＢＥ群はまったく川沿いに姿を見せなくなってしまった。そして水位はさらに上がり続け、二月下旬には四五〇センチメートルにまで到達してしまった。森は完全に浸水し、私の身長よりも深い水の森が川岸から一キロメートル以上も離れた森の奥にまで広がり、とても調査ができる状況ではなくなってしまった。そして朝と晩の必死の捜索にも関わらず、二月はＢＥ群を見つけることができなかった。いつものＢＥ群の移動範囲よりも、さらに広範囲を探してみたがやはり見つからなかった。おそらくＢＥ群は、森の中を転々と泊まり場を変えて移動していたのであろう。この二回目の大洪水により、二月の行動観察データはほとんど収集できず、毎日悶々とした日々をおくっていた。

三月に入ってもこの大洪水は続いていた。しかしこの洪水の中、偶然にもBE群に川岸で再会することができた。忘れもしない三月三日のことで、ちょうど西邨顕達先生が私の調査地を訪問し、ボートによるBE群の捜索に同乗して下さった日であった。洪水中にも関わらず、BE群を川沿いで発見できたために、これより数日間は実際に群れを追跡して、再び森の中で眠るところを観察することができた。幸いにも、水位はすでに四五〇センチメートルを超えており、楽々とボートを使って森の奥深くまで群れを追跡できたのだ。とはいえ時折枝を鉈で払いながら、オールやエンジンを巧みに使って森の中を移動し、そして行動データも記録するという作業は、調査助手がいたとはいえ簡単な作業ではなかった。この大洪水は三月八日まで続き、その後は、あっという間に水が引き、そしてテングザルも何事もなかったかのように川岸に再び戻って泊まるようになった。

危険な洪水期の調査

腰まで水に浸かっての調査というのは、今思い出しても過酷であった。朝から晩までドス黒い水に浸かりながら、広大な水の森を移動するのである。水に流されたアリやムカデ、その他の昆虫類は、ちょうどよい

写真　幸いにも，洪水期の森の中ではワニに出合わなかったが，非洪水期にはよく川岸で日向ぼっこをしているワニに遭遇した．いつもはおとなしく，害のない動物である．とはいえ，私の調査地から少し離れた別の支流において，2009年に実際に人がワニに食べられるという悲惨な事件も起こっており，侮れない存在である．

避難場所として、テングザルの行動を記録している私の体に這い上がってくる。また森の中に無数に散らばる小川がまったく見えずに、突然深みにはまることも何度かあった。さっきまで後ろにいたはずの調査助手が、振り返ると深みにはまり、突然消えていたのには冷や汗ものだった。またこの洪水期の調査で一番の恐怖だったのが、ワニの存在である。この川には、体長が四メートル以上のワニも棲息しており、実際に何度も川岸でそれを目撃していた(写真)。腰まで水が迫る森の中では、ワニが潜んでいてもわからない。そのうえ、こういう洪水の時期には、ワニは流れの強い本流よりも、流れの弱い浸水した森の中を好む。心の中で何度も大丈夫だと念じ、調査助手たちにも安全だと話してはいたが、本当は逃げ出したい気持ちでいっぱであった……。こんな危険を承知のうえで、なおも洪水の森で調査を続行したのは他ならぬ、新しい行動の発見という魅力が後押ししたからである。この苦労した調査は後日、論文としてまとめ、みごとに出版にこぎつけることができたが、もう二度とやりたくない調査である。あれから六年以上が経った今でも、昔の調査助手と顔を合わせる機会があると、このときの話題で盛り上がる。皆、もう二度とやりたくないと笑っていうのである。

なぜ森の中で眠るのか？

川沿いに泊まるという今まで強固に守り続けていた習慣を、なぜテングザルは洪水になった途端にあっさり変更して、森の中で眠りだしたのだろうか？　まずテングザルが森の中で眠るようになった事実が、本当に水位と関係していたのかを見ていきたい。調査期間中に、テングザルＢＥ群の泊まり場を確認したのは合計で二七〇日あった。そのうちテングザルが川沿いで泊まるのを確認したのが二六一日、森の中で寝るのを確認したのが九日であった。ここで、洪水によって水位が急激に上昇する以前は、夕方におこなうボートからの調査により、一〇〇パーセントの確率でＢＥ群が川沿いの木で泊まるところを確認できていたことから、逆に水位が上昇したときに川沿いでＢＥ群を見つけることができない日は、ＢＥ群が森の中で寝たと仮定しても良さそうである。ちなみに、洪水により川沿いでＢＥ群が見つからないときには、早朝と夕方の二回にわたり川沿いをボートで調査し、またいつもよりも広域の調査をおこなったにも関わらず、川沿いでは見つからなかったために、この仮定に無理はないと確信している。このように仮定してみると、実際に森でＢＥ群が寝るのを目撃した九日間に加えて、さらに三四日をＢＥ群は森の中で寝

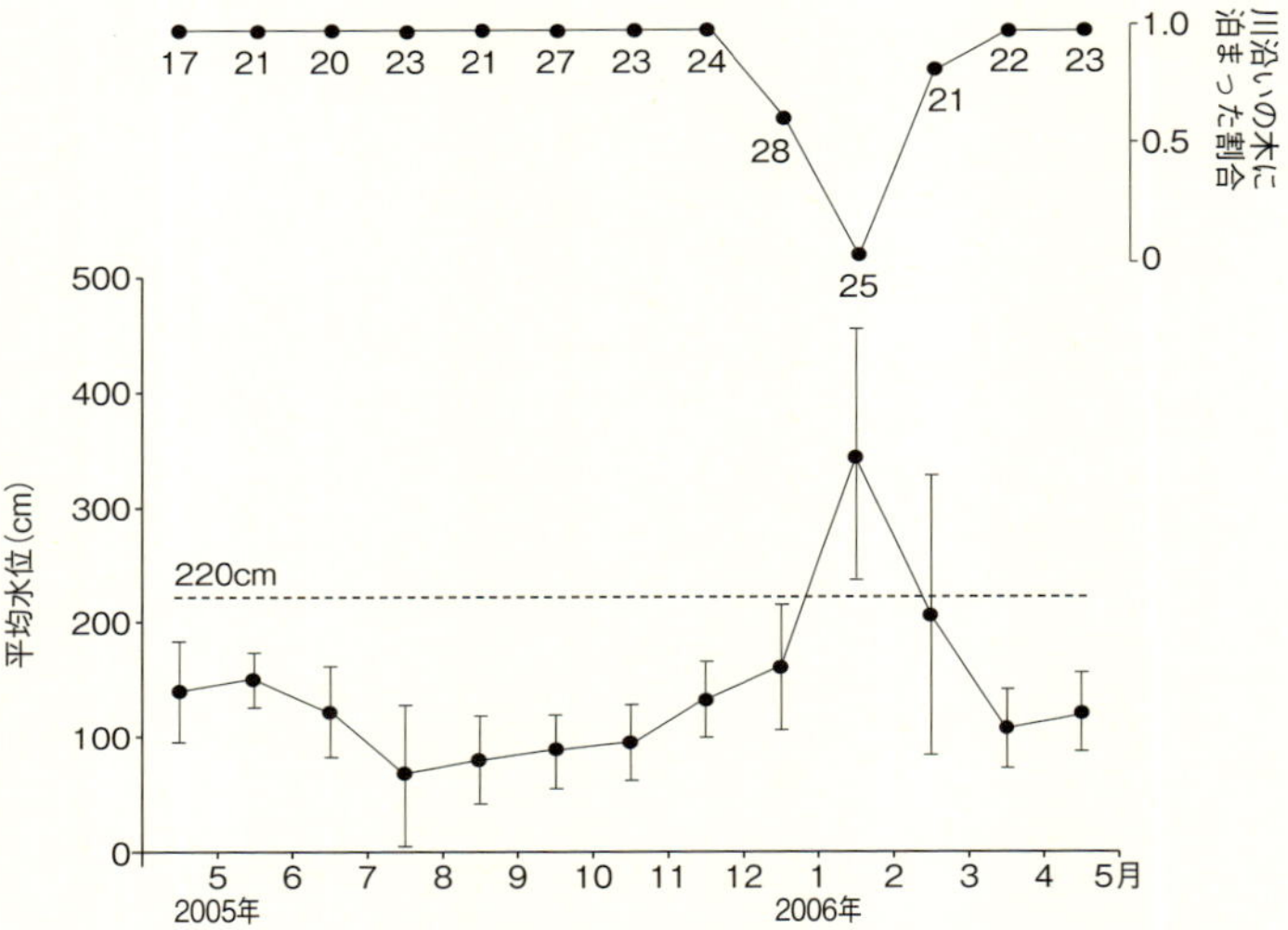

図2・19　月ごとの川の平均水位と，テングザルBE群が川沿いの木で眠った割合には，有意な負の相関が見られた．水位が220cmよりも上昇すると，BE群は森の中で眠るようになる．垂直線は標準偏差を表している．またグラフの下にある数字は，その月の総観察回数を表し，点線はテングザルが川沿いで眠るか，森の中で眠るのかの境界水位を示している．

たとみなすことができる。これらを基に、BE群が川沿いで泊まった日と森の中で泊まった日の水位の中央値を比較すると、それぞれ一〇八センチメートルと三五〇センチメートルとなり、明らかにBE群が森で泊まった日の水位の方が高いといえる。さらに各月にBE群が川沿いで泊まった割合と、各月の平均水位の値には統計学的にも有意な負の相関が認められ、水位とテングザルの泊まり場の選択性には、密接な関係があることが証明された(図2・19)。

つぎに川沿いで泊まった日と、森の中で泊まった日で遊動パタンがどのように変化したのかを見ていこう。まず一日の移動距離の平均値を、それぞれの場合で比較してみると、若干ではあるが森の中に泊まるときのほうが、川沿いに泊まるときに比べて長い距離を移動する傾向にあることがわかった（川沿いに泊まった場合七九八メートル、林内に泊まった場合八三〇メートル）。しかし両者に統計的な違いは見られず、川沿いに泊まる場合も、森の中で泊まる場合も、一日の移動距離には大きな違いはないという結論に達した。一方で、一日の遊動の中で、もっとも川岸から離れて移動した地点から川岸までの距離の平均値については、両者に統計学的な違いが見られた。つまり森の中で寝る場合のほうが、川沿いで寝る場合よりも、より川岸から離れた地域を利用するという事実が明らかになったのである（川沿いに泊まった場合が一五九メートル。林内に泊まった場合が五六四メートル）。

このように、ＢＥ群が泊まり場を川沿いから森の中へと移した理由は、森の中まで浸水してしまうほどの急激な水位の上昇と深く関係しているようである。また洪水によりＢＥ群は泊まり場だけでなく、その遊動をも変化させていることが明らかになった。一つ問題となるのは、洪水によって森の中で眠るというＢＥ群の行動が、はたしてテングザル全体の行動と見なしても良いものかという点である。この問いへの完全な答えにはならないが、洪水中と非洪水期に川沿いで見つかるテングザルの群れの数を比較してみた。すると、洪水期には平均二・七の群れが見つかったのに対して、非洪水期には平均七・〇の群れが見つかっている。つまり、洪水期になると川沿いで見つかるテングザルの群れの数が激減するのである。これはおそらく、ＢＥ群だけでなく他の群れも洪水になると森の中で眠る機会が増えるということを示しており、ＢＥ群において見られた森の中で寝るという行動が特異なものではないことを示唆しているといえる。

水位がテングザルの泊まり場の重要な要因となっていることはわかったが、それではなぜ水位と泊まり場の選択にはこういった密接な関係性が生じるのだろうか。これについて述べるためには、そもそもなぜテングザルが川沿いの木で眠るという特異な習慣をもつのかという点を先に考えなくてはならないだろう。テングザルの研究者が口を揃えていうその理由の一つは、捕食者回避である。では捕食者とは何か。テングザルにとっての捕食者、つまり天敵にはおもに二つある。一つは川でテングザルを待ち構え、川を渡るテングザルを捕らえるワニ、そしてもう一つは、器用に木に登り樹上にいるサルをも狩ることができるネコ科のウンピョウである。テングザルの川渡りのくだりでもすでに述べたことだが、テングザルが寝るときには、木の上で眠るために、ワニによる捕食の危険性を考える必要はない。つまりテングザルが夜眠るときに注意しなくてはならないのは、ウンピョウである。ではなぜ、川沿いがウンピョウによる攻撃を回避するのに有利なのだろうか。これは、川沿いに寝れば、川側からウンピョウが襲ってくることはないため、森側からの襲撃だけを注意すればよいからである。仮に森側からウンピョウに襲われても、最悪テングザルは川に飛び込んで対岸へと逃げることができるという点でも捕食者回避には有利である。逆に四方を木々に囲まれた森の奥で眠るということは、テングザルにとって、どこからウンピョウが襲ってくるかもわからないうえに、襲われても逃げ場のない、このうえなく危険な場所だといえる。しかし、洪水で森が浸水してしまえば話は別である。それも一メートル以上もの水深がある水浸しの森の中では、ウンピョウなどの陸上性哺乳類は、とても生活ができないであろう。確かにウンピョウは木登り上手だが、テングザルとは異なり、基本的な移動は陸上である。つまり洪水で森が浸水している時期に限っては、森の中でもウンピョウによる攻撃を気にしなくてもよいのである。そのため洪水期のテングザルは、捕食者を回避するためにわざわざ川岸に戻る必要性が低くなり、今までの習慣を変えて森の中でも泊まるようになったのだと考えられる。洪水により捕食圧が軽減したために、テングザルの泊まり場の選択の幅が広がり、川沿い以外の場所でも眠れるようになったのである。

洪水により森が浸水し、捕食者の森の中での移動が制限されるために、テングザルへの捕食圧が低下し、その結果として泊まり場を含む遊動パタンが変化した可能性の高いことを述べてきたが、それ以外の環境要因が影響している可能性はどうだろうか。すでに述べたように、霊長類の遊動に影響を及ぼしうる要因としては、餌資源量が重要である。つまりテングザルが森の中で眠ったのは、この時期に川沿いに比べて、森の中のほうがより豊富な餌資源があったために、テングザルは川沿いに戻らずに森の中で眠るようになったという可能性も検証したほうが良さそうである。

そこでまず、テングザルの採食行動を洪水前(期間①)、洪水中(期間②)、洪水後(期間③)の三つの時期に分けて比較をしてみた。具体的には期間①は、二〇〇六年一月七、八、九日の三日間、期間②は一月十二、十四、十五日の三日間、期間③は一月十七、十八、十九日の三日間である。また採食行動を比較したのは、BE群の中の唯一のオトナ・オスであるベジータの行動データだけを用いることにした。オスだけのデータを用いた理由は、それぞれの個体のデータを比較してみた結果、個体間で大きな違いが見られなかったことと、もっとも行動データが充実していたのがベジータだったからである。三つの期間にベジータが費やした採食時間割合を比較してみたところ、期間①が二八・八パーセント、期間②が二三・四パーセント、期間③が二四・六パーセントとなり、それぞれの期間で有意な違いは見られなかった。ではテングザルの食べ物の中でも、さまざまな活動に影響を及ぼしていた、果実の採食時間割合はどうだろうか。これも期間①が〇・六パーセント、期間②が四・八パーセント、期間③が六・二パーセントであり、それぞれの期間で特別果実を大量に食べていたわけではなく、やはり三つの期間の数値に有意な違いは見られなかった。この他にも三つの期間で、どれくらいの植物種が重複していたかなどの細かな分析もおこなったのだが、大きな違いは見られず、採食行動という点においては、テングザルの泊まり場の劇的変化を説明できそうにない。

採食行動に違いが見られないならば、餌資源量ではどうだろうか。ちょうどテングザルが森の中で眠った場所の近くには、私が設置した植生区（TR10）があったので、テングザルが非洪水期にもっともよく利用していた、川岸から森の中へ一五〇メートルの区間と、それ以上（川岸から一五〇〜四〇〇メートルの間）の区間の、洪水期（二〇〇六年一月、三月分）と非洪水期（二〇〇五年五〜十二月、二〇〇六年四〜五月）の果実の資源量を比較してみた。調査対象区画の面積が異なるために、単位面積当たりの果実の量を見てみると、洪水期と非洪水期の両時期で、川岸からより遠い区画内のほうが、川岸からより近い区画内よりも果実の資源量が多いことがわかる（図2・20）。逆にいえば、洪水期、非洪水期に関わりなく、川岸から遠い区画内のほうに果実の資源量が多いわけで、洪水期に果実を求めてテングザルが森の奥へと

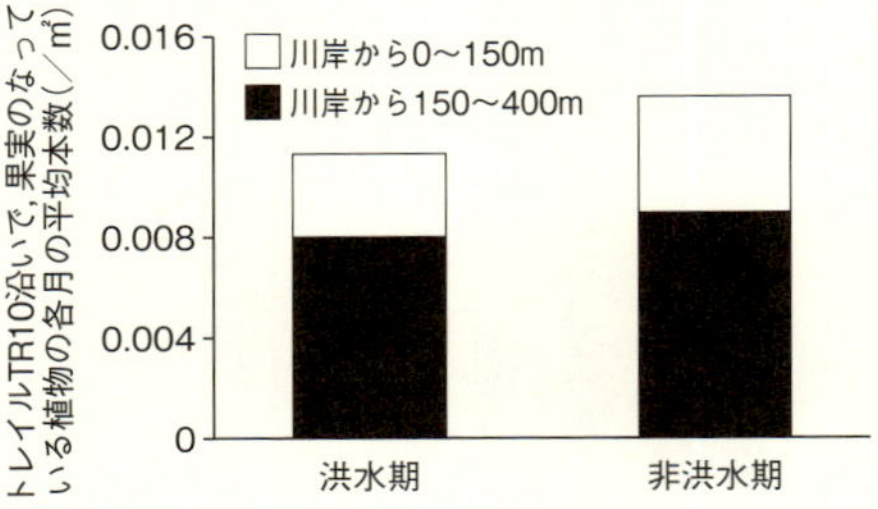

図2・20　洪水期と非洪水期における，植生調査区画内（トレイルTR10）の果実資源量の比較．調査区画内の川岸に近い場所と，川岸より離れた場所において，洪水期と非洪水期に果実のなっていた植物の本数を比較したが，両時期間に明確な違いは見られなかった．

泊まり場を激変させたという説明の成り立たないことを証明できたといえる(Matsuda et al., 2010a)。

洪水と群れ間の関係

以上のような結果からも、テングザルが泊まり場を森の中へと移すという劇的な行動の変化の説明には、餌資源量よりも捕食圧のほうが合理的なようである。ここで、捕食圧説がもっともらしいという理由を強調するために、洪水期のテングザルの群れ間の関係性についても少し触れておきたい。一般的に社会性をもつ動物においては、たくさんの個体が集まれば、それだけ捕食者を回避しやすいといわれており、これは、よりたくさんの個体がいるほうが、忍び寄る捕食者を見つけだすための〝目〟が増えるためである。そこでテングザルのBE群が、他の群れとどれだけ近接して泊まることが多いかを、川沿いと森の中の場合で比較してみた。まず川沿いで泊まった場合についてだが、BE群は、川沿いに沿って他の群れと二〇〇メートル以内の近距離で泊まることが多々あることがわかった(図2・21)。それも、ときにはBE群と同じ木に別の群れが泊まることも観察されたのだ。一方で、BE群が森の中で眠ったときには、観察回数は少ないものの、BE群を中心に半径二〇〇メートルの範囲内に他の群れが泊まることは一度もなかった。ここで、近くに泊まる群れの数が多いということは、より多くの個体が集まっていると解釈でき、捕食者回避に有利な状態を意味する。つまりは、非洪水期に川沿いでより多くの個体が集まりやすいというのは、それだけ捕食者が多く、それを回避する必要性が高いことを意味し、逆に、洪水期に群れ同士が

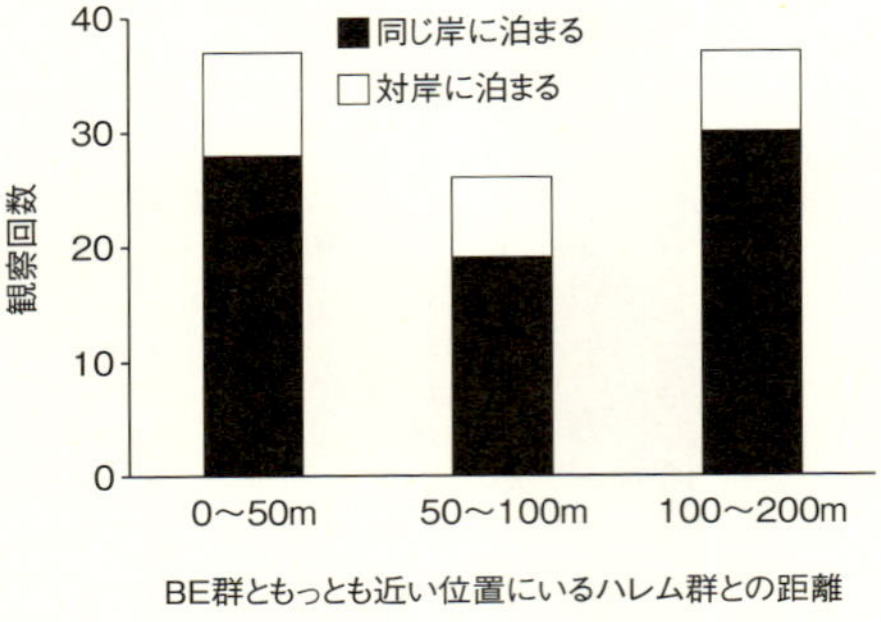

図2・21　非洪水期において，テングザルBE群ともっとも近接した位置に泊まった，他のハレム群との群れ間距離の分布．

離れて泊まることが多いということは、集まって捕食者を回避する必要性の低いことを意味している。このように、両時期のテングザルの社会性を比較してみても、非洪水期の川沿いでは捕食圧が高くなり、洪水期には捕食圧が低くなることが見てとれる。やはり洪水期に浸水した森から捕食者が消えたというとが、テングザルの遊動の劇的変化を説明するのにもっとも適していることを支持する結果が得られたのだ。

このような洪水と、それに伴う劇的なテングザルの遊動の変化という研究結果から、二つの成果が導かれた。一つはテングザルの行動に影響を与える要素として、食べ物だけではなく、捕食圧も重要であることを明らかにしたこと。もう一つは、テングザルのような大型動物においては困難だといわれている、捕食圧の行動への影響を、洪水という自然現象を利用して評価したというアイディアである。洪水の中を、腰まで水につかりながら一日中サルを追跡するという困難な調査ではあったが、捕食圧を評価するために広大な森を使った、ある種の大型自然実験であったともいえる。

捕食圧の影響をさらに探る

テングザルが川沿いを好む理由としては〝捕食者回避〟が、もっとも有力な説である。しかし、テングザルにとって川沿いが捕食者を避けやすい有利な場所であるならば、同所的に棲んでいる他の霊長類にとっても、川沿いは安全な場所であり、とくに捕食者からの攻撃を受けやすい夜間の泊まり場としては、頻繁に利用されるべき場所となっているはずである。私の調査地にはテングザルを含め、オランウータン、テナガザル、シルバールトン、カニクイザル、ブタオザル（写真2・10）といった昼行性の霊長類が六種も棲息している。そこで私は、川岸から森の中へ垂直に作成した植生調査用のトレイル使って、テングザルを含むこれら六種の霊長類の泊まり場の分布状況についても調べてみることにした。これはセンサスと呼ばれる調査で、長さ二五〇〜五〇〇メートルの十六本のトレイルをひたすらに歩き、見つけた霊長類を記録していくという単純な作業である。とはいえ総延長七・二キロメートル、途中には泥濘の激しい場所や小川を渡らなければならない。前日に泊まり場とした地点の近辺にいる霊長類を調べることが目的であるため、早朝の六時から八時までの二時間でこのセンサスを終わらせなければならないうえに、トレイルは一本続きではなく、一つのトレイルをセンサスした後はふたたび川沿いに戻ってボートで川を上り、別のトレイルへ移動するという二重の手間がかかる。つまり五〇〇メートルのトレイル一本を調べるのに、一キロメートルを歩かなければならないのだ。どう考えても二時間という制限時間内に、総延長七・二キロメートルの二倍の距離である十四・四キロメートルを歩くのは無理だと考えて、調査助手と手分けして

テングザル（*Nasalis larvatus*）

シルバールトン（*Trachypithecus cristatus*）

カニクイザル（*Macaca fascicularis*）

ブタオザル（*Macaca nemestrina*）

テナガザル（*Hylobates muelleri*）

オランウータン（*Pongo pygmaeus*）

写真２・10　調査地内のトレイルを歩いておこなう霊長類センサスで遭遇した，霊長類種たち．

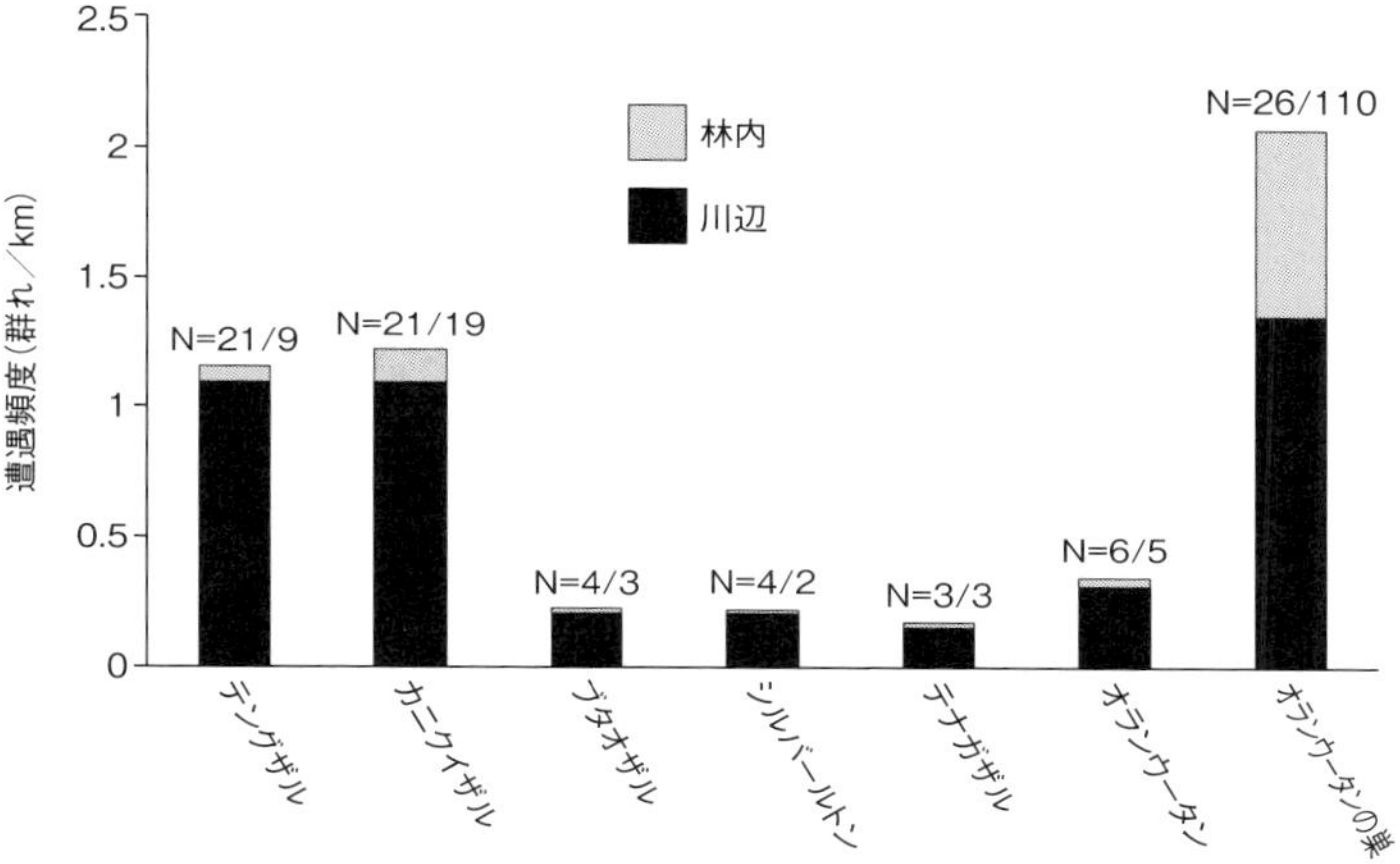

図2・22　調査地内のトレイル16本(総延長7.2 km)を早朝に歩き，遭遇した霊長類種の頻度を，遭遇した場所で比較したもの(林内:川岸から50m以上離れた場所;川辺:川岸から50m以内の場所)．早朝の森では，どの霊長類種も川辺でよく遭遇するのがよくわかる．各棒線の上の数字は，各霊長類種に出会った実際の総数(川辺／林内)．

センサスすることにした。ちょうどトレイルは、右岸と左岸の左右対称に作っていたので、手分けするのにはちょうど良いし、一人七・二キロメートルならばなんとか二時間で歩ける距離である。とはいえ最初に踏査したトレイルと、最後のトレイルとでは二時間もの時間差があるために、一日目は上流域のトレイルから下流域に向かって順にトレイルを歩き、二日目はその逆の下流域から上流域へと向かって順にトレイルを歩くことで、この時間的な差によるデータの誤差を最小限にする努力をした。

せっかく汗をかいて集めたデータも、まとめてしまうとたった一つの図に集約されてしまうのが少し寂しい気もするが、なにはともあれ、テングザルに限らず、同所的に棲息する霊長類のすべてにおいて、林内よりも川辺をよく泊まり場として利用していることが明らかとなったのだ(図2・

22)。ここでいう川辺とは、川岸から五〇メートル以内の地域、そして林内とはそれよりも奥の地域のことである。テングザルに限らずに、他の霊長類もやはり川辺が好きなのである。そしてそこには、〝捕食圧〟というキーワードが見え隠れしているように思えてならない(Matsuda et al., 2011a)。

私の最新の論文の中で、テングザルが川沿いをよく利用する理由として、捕食圧、食物、気温という三つの要素の可能性を検討している。捕食圧に関しては私が調査中にも、BE群のコドモとアカンボウの二頭が目の前でウンピョウに襲われ、殺されるのを目撃している(写真2・11)。そしてさらにコドモ一頭が、理由はわからないが消失したという例がある。昨日まで元気だったアカンボウが、突然いなくなる理由として、捕食を疑うのは妥当だと思われる。また私の調査以外でも、地元のツアーガイドによって、テングザルがウンピョウに襲われる瞬間が目撃されている。これらの点から、テングザルがウンピョウによる捕食圧に曝されているということは、まず疑いようのない事実だと思われる。つぎに食べ物に関しては、川沿いと森の中の餌資源量、そしてテングザルが実際に食べたものなどを比較したのだが、川沿いが森の中と比べてとくに優れている採食場所だという証拠は得られなかった。また、反芻動物に類似した胃をもつテングザルは、食べ物の消化の際に体温が上がりやすいために、その体を冷やすためにより涼しい場所を選ぶかもしれないなどといった仮説も、昔の著書などには記されているため、これについても検証してみた。しかし、川沿いと森の中の気温に極端な差は認められなかった。やはりテングザルが川沿いで必ず眠るという特異な行動は、陸上性のウンピョウの影響によるところが大きいとの結論に至ってしまうのである。

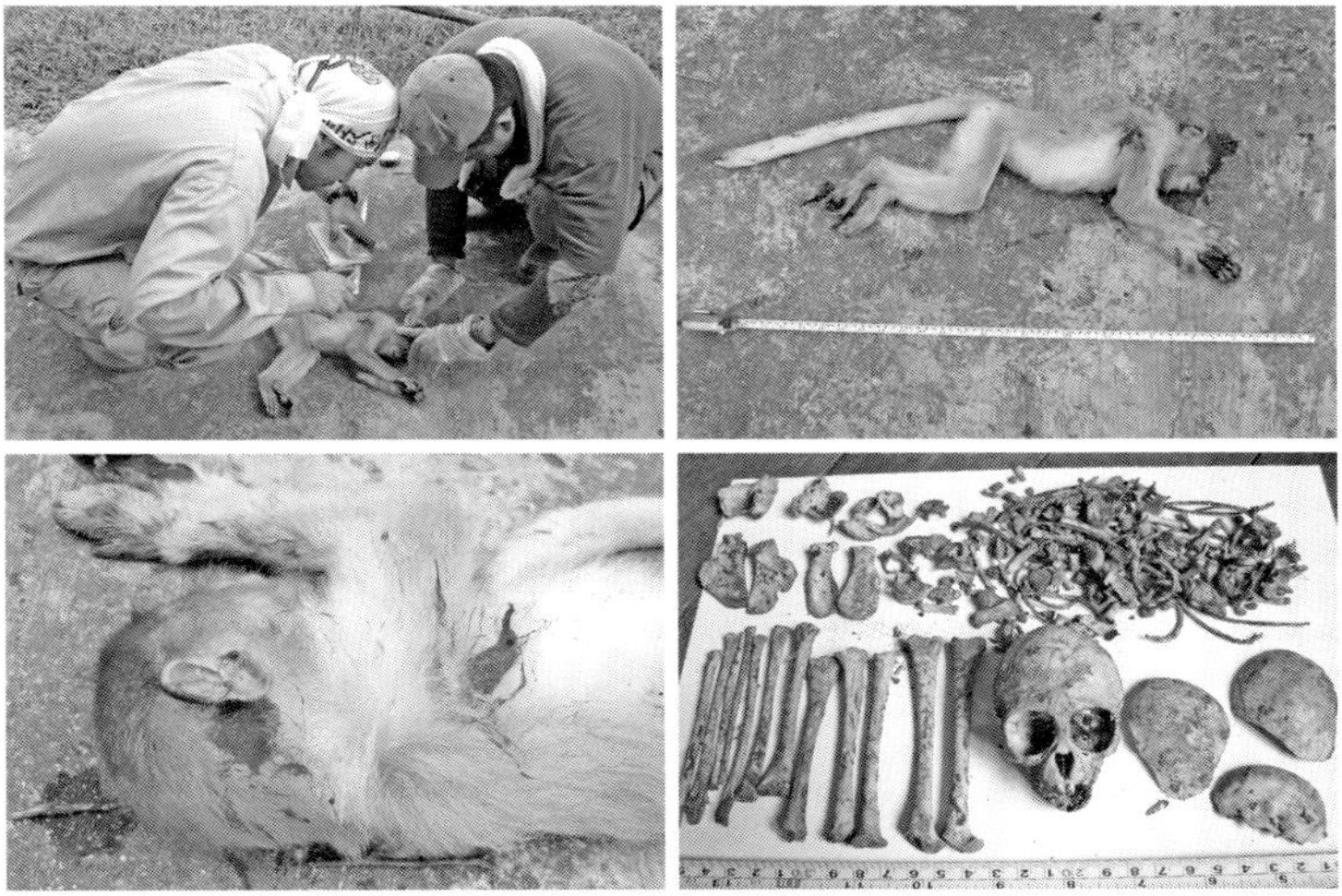

写真2・11 ウンピョウにより捕殺された個体．捕殺されたのは，1.5歳くらいのテングザルのアカンボウだった．いろいろと傷跡を調べた結果，首のやや上部を噛まれたことによる出血死ではないかと推測した．テングザルの死体は調査基地の裏に埋めて，10ヵ月後に掘り起こし骨を回収した．現在この骨は，マレーシア・サバ州の野生生物局に保管されている．

霊長類では一般的に、体格の大きい種ほど、また地上性よりも樹上性が強い種ほど捕食圧の脅威に曝され難いといわれている。程度の差はあれ、テングザルと同所的に棲息するどの霊長類種も、捕食の脅威に曝されているといえるわけで、その脅威を少しでも軽減するために見通しのよい川沿いをどの種も好むというのは理に適っている。しかしなぜ、テングザルだけが洪水という特別な時期を除いて、必ず毎日川沿いに戻ってくるのだろうか？他の霊長類も川沿いを好むが、テングザルのように毎日川沿いで眠るわけではなく、森の中で眠ることもある。テングザルは同所的に棲息する種の中では、体格は大きいほうであるうえに、基本的には樹上性であるために、他の同所的に棲息する霊長類種に比べれば、捕食の影響を受け難そうである。このように、捕食圧だけではどうしても説明しきれない矛盾点もいくつかあるのだ。

ある研究者は、テングザルが川沿いという見通しのよい場所を利用する理由として、他の群れのようすを伺うためだと述べている。ハレム群のオスとしては、別の群れからできるだけたくさんのメスを引き抜き、自分の群れの一員にさせたいし、メスにとってもより強いオスを品定めするには、川沿いという環境は適しているのかもしれない。確かに川沿いでハレム群が対峙するときには、ハレム群のオスは、激しく木々をジャンプして、物音を立てることで相手の群れを威嚇するようなディスプレイ行動がよく観察される。このようなオスのディスプレイに触発され、メスは群れを移ったりするのかもしれないが、今のところこの仮説を証明するような明確なデータは示されていない。しかし、少なくとも捕食圧、餌資源量、気温などの生態学的要因だけではテングザルの行動すべてを説明するには無理があるようだ。霊長類は、高度な社会を形成する動物である。テングザルの行動を理解するためには、生態学的要因いがいにも、社会学的な特性も考える必要があるだろう。

森の中で怖いもの①

熱帯のジャングルで動物の調査をしていると、さぞや恐ろしい経験が多いに違いないと思う人もいるかもしれない。しかし、ボルネオ島にはトラなどの大型のネコ科動物は棲息しておらず、ネコ科で最大なのは

写真　ゾウの群れに森の中を散々に追い掛け回されるという恐怖の体験をしたわけだが，それでもその愛くるしい姿は憎めない．そして，長い鼻を水面から出して，川を渡っていく姿は，なんとも迫力がある．テングザルと同様に，ボルネオ島のゾウも森林の減少とアブラヤシ農園（プランテーション）の拡張により，棲む場所を追われているようだ．最近はアブラヤシ農園を横切るゾウが，農園を荒らしたりすることで，人間との軋轢も問題になってきている．

ウンピョウである。確かにテングザルにとっては天敵のウンピョウだが、大きさは中型の犬程度であり、人間にとっての脅威にはならない。マレーグマは大型の哺乳類ではあるが、その棲息密度はきわめて低いうえに、大方は人間の気配を感じとると自分からどこかへと逃げていってしまう。哺乳類で私がもっとも注意しているのはやはり、ボルネオゾウである。通常は穏やかで、森の中を群れを作ってゆっくりと遊動している。たとえ森の中で出会っても、無視をしていればいつの間にか別の場所へと移動していってしまう。そんな彼らも、コドモのゾウを連れているときは別のようである。あるとき、いつものように森の中でテングザルの追跡をしていた。テングザルが休息しはじめたので、私たちも倒木に腰掛けて記録をとっていた。そんなときに、遠くの方からゾウの群れが近づく音がして、あっという間に私たちのいるところから二〇メートルくらい離れた辺りを通過していった。私もあまり気にせずにそれを眺めていたのだが、突然コドモのゾウが私の所に向ってやってきた。私は、おやと思ってその後、このゾウが何をするのかと観察していたのだが、コドモのゾウの後ろから猛然とメスのゾウが現れ、こちらに向って突進してきたのだ。何もしていないのに、とんだ勘違いで母親ゾウを怒らせてしまったようだった。調査助手といっしょに、焦って森の中を逃げ回る。しかしよく見ると、辺りは二〇頭ほどのゾウに囲まれていて、どこに逃げても別のゾウが待ち伏せしているという状況だった。母親ゾウは怒り、雄叫びをあげ、私の腕ほどもある木を叩き割りながら突進してくる。森の中をとにかく川岸へと走り、ボートの綱をほどき命からがら川へと逃げたのだが、それでも母親ゾウの怒りは治まらず、川岸から私たちのボートに向って怒りの声をあげ、そして小木をなぎ倒していた。調査助手と私は、ボートの上で、逃げ延びた安堵からお互いの顔を見合わせて思わず笑った。その日の調査は、おかげで半日しかできなかったが、それでもあのときゾウに捕まっていたらどうなっていたのかを考えるとゾッとする。何をしてそんなにゾウを怒らせてしまったのかはわからないが、ゾウはもう御免である(写真)。

森の中で怖いもの②

森の中で体験したゾウによる怖い話は述べたとおりであるが、ゾウによる危険は、気をつけていれば必ず回避できるものである。ゾウよりも怖いものが、森の中にはいる。それはハチである。ハチにもいろいろな種類がいて、アシナガバチのような毒性の弱いものから、スズメバチのように強力な毒をもつものまでさまざまである。ボートを川岸にとめるときに気をつけなくてはならないのが、川沿いの水面ぎりぎりの所に巣を作ることが多い、アシナガバチである。それに気づかずにボートを突っ込んでしまうと、大変なことになる。テレビや漫画で見たような無数のハチが巣から飛び出して、襲ってくるのだ。こうなると、とにかく振り払っても無駄であるし、余計に刺されてしまう。しばらくじっとして、時折、刺される痛みにも耐えて、落ち着いてからゆっくりとボートを移動させるしかない。同じように森の中を歩いていると、このアシナガバチのような小型のハチの巣が、地上から数メートルという低い位置にあることがあり、気づかずに近づいてしまうと同じような目にあう。こういった小型のハチならそのときは腫れるが、命にかかわるような危険性は少ない(写真1)。しかしスズメバチのような大型のハチに襲われたら、命が危ない。幸いにも襲われたことはないが、ふと後ろを振り返ると、直径一メートルほどもあるスズメバチの巣が、樹上一〇メートルにも満たないところに釣り下り、巣の周りが無数のハチで埋め尽くされていてゾッとしたことが何度かあった。

ハチとならんで、恐ろしいのがヘビである。とくに川沿いの低い木でじっとしている、マムシの仲間が恐ろしい(写真2)。色も緑色でパッと見ただけでは、ほんとうに気がつかないからである。誤って船を突っ込んでいたら、どうなっただろうかと調査助手の目の良さに救われたことが多々ある。他にも、コブラやキングコブラなどの猛毒のヘビとも森の中で出会うが、これらのヘビはどちらかというと、アブラヤシ農園(プランテーション)との境界付近に多いようで、調査中に遭遇する確率はとても低い。聞いた話によると、マムシの仲間やコブラなどのワクチンは、最寄りの病院には置いていないらしく、私の調査しているサバ州の州都であるコタキナバルの病院に少し備えがあるだけらしい。もちろんコタキナバルからの輸送を待っている間に、確実に死んでしまうだろう。こういった危険なことを考えだすと、楽しい森の中があっという間に恐ろしい場所のように思えてしまうので、通常、私はこういったことを考えないようにしている。

ヘビに関してはこんな話もある。数年前に、ハリウッド映画で『アナコンダ』という人食い巨大ヘビの話があった。水の中やら家の天井やらに隠れて待ち伏せし、次々と人を呑み込んでいく。それはそれは恐ろしい

写真2　木の葉の色と同化していてなかなか見つけるのが難しい．川沿いに船をとめようとするときに，目の良い調査助手がヘビを事前に見つけてくれて，何度も命拾いをしている．

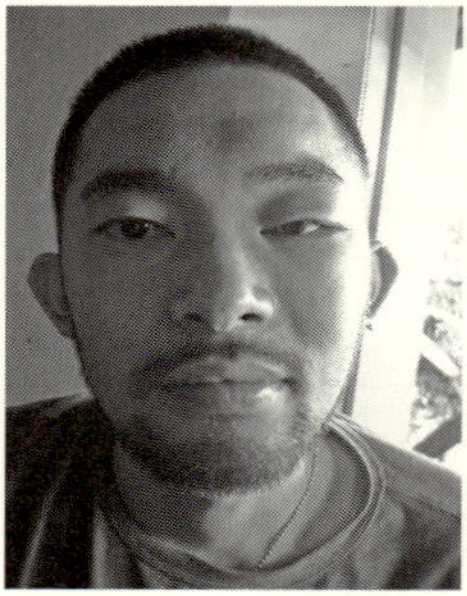

写真1　どうやら私は，蜂に刺されると腫れやすいようで，調査中に何度もいろいろな蜂に刺されて，3～4日は腫れが引かなかった．

映画であったが、この映画の舞台がなぜかボルネオ島であった。当時の調査助手、ウディンがこの映画を見ていた。彼はもともと気の小さい性格なのもあり、その映画を見てすっかり怯えてしまい、調査中にも「イッキ（一希）、この森にもアナコンダが居るのか？　水に足が浸かって大丈夫なのか？」としつこく聞いてきた。私ともう一人の調査助手のアハマドは、そのウディンの怯え方がおかしくて「いるわけないだろう。あれは映画だよ。」とからかっていた。実際、私はそんな大きなヘビが調査地にいるわけがないと思っていた。しかしそれから数年後、アハマドの後に調査助手となったハルツマンは、家族が猟師であることもあり昔からよく森に入っていたのだが、彼はなぜか水かさが増した森をとても怖がった。そして私に、「大蛇がいるから危険だ」と言ったのだ。そのときも私は「そんなバカな」とあまり相手にしなかったのだが、それからほどなくして大雨で水かさの増した森の中をボートで移動しているときに、水の中に丸太が倒れているのを見つけた。しかし次の瞬間、血の気が引く思いをした。私が丸太だと思ったのは、なんと直径二五センチメートル以上は軽くあるであろう大蛇の死骸であった。あの怯えたウディンは正しかった。こんなヘビに出くわしたらどうなっていたかわからない。知らぬが仏とはこのことである。

帰国へのカウントダウンと不安

二〇〇五年五月にようやく調査が軌道にのり、データの収集を開始してからは、少なくとも丸一年間の継続データの収集を目標に毎日をすごした。最低でも毎月十二日間は、テングザルの終日追跡データを収集することと、月に一度の餌資源量を見積もるためのフェノロジー調査は、絶対に欠けてはならないデータであった。二〇〇六年の大洪水により、丸一ヵ月のデータが欠けてしまったときは、大変なショックであった。しかしその大洪水を除けば、いろいろな困難に見舞われたにも関わらず、着実にデータの収集をおこなえた。

さて、調査も残すところ数ヵ月になってくると、帰国できる嬉しさとは別に、もしここで病気にでもなってデータに欠損がでたらどうしようかといった、言い知れぬ不安に襲われることが多々あった。熱帯といえば、マラリアやデング熱、肝炎などさまざまな病気が溢れている。そんな私の不安は、みごとに適中したのだった。帰国を二ヵ月後に控えたある日のことであった。私はいつもコンタクトレンズをして調査に出かけるのだが、朝から目が充血してコンタクトレンズを装着できない。その日はしかたなく眼鏡をして調査に行ったのだが、夕方になっても充血は引かず痛みも増す一方だった。しかたがないので、調査助手にテングザルの追跡を任せて、次の日にサンダカンの病院に向うことにした。医者の見立てでは、目の中に突起物のようなものがあるとのことで、目薬をもらって帰宅した。目薬をさしたら、痛みも引いたのでまたコンタクトレンズを装着して調査に向うと、やはりまた目が痛みだした。結局、連休を利用して、州都のコタキナバルにある大病院に行って見てもらったところ、眼球に潰瘍ができていて、下手をすれば失明するところだったと怒られた。雨水や川の水を使っての生活をしていたため、コンタクトレンズに細菌が繁殖し、小さな傷から細菌が入り炎症を起こしたのではないかとのことであった。とにかく、コンタクトレンズ禁止、そして目薬を処方されて帰宅した。しばらく痛みが酷かったが、眼鏡をして調査に出かけ、それほど大きな穴をあけずにデータの収集ができた。しかし病院に行っている間も、調査のことが気になって、ほんとうに気が気ではなかった。調査中の病気といえば、大きなものはこれくらいで、幸いマラリアにもデング熱にもかからず今日まですごしている。アクセスが便利になったとはいえ、医療設備には不安がいっぱいの場所での調査。健康管理も調査の重要なポイントである。

第3章 テングザルの未来

棲息頭数と保護状況

霊長類の多くの種は、人間活動によってその個体数が減少している。ボルネオ島の固有種であるテングザルもその例外ではない。テングザルは、IUCN (International Union for the Conservation of Nature and Natural Resources／国際自然保護連合) のレッドリストでは絶滅危惧種 (EN) であり、CITES (Convention on International Trade in Endangered Species of Wild Fauna and Flora／絶滅のおそれのある野生動植物の種の国際取引に関する条約ワシントン条約) でも附属書I類に記載され、その取引が厳しく制限されている。ではいったい、どれくらいの数のテングザルがボルネオ島には棲息しているのだろうか。テングザルの棲息頭数をカウントするという作業は、時間と資金さえあればそれほど難しいことではない。とくにテングザルは、夕方になると必ず川沿いの木に戻ってきて眠るという習性があるために、ほんの少し経験を積めばボートからの観察で容易に発見、カウントがおこなえる。にもかかわらず、ボルネオ全島におけるテングザルの正確な棲息頭数はわかっていないのが現実である。

ボルネオ島は、マレーシア、ブルネイ、インドネシアという三国によって領土が分かれている。私が研究をしているマレーシア領のサバ州では、比較的最近の研究結果で、約六〇〇〇頭のテングザルが棲息していると報告されている (Sha et al., 2008)。また同じマレーシア領のサラワク州では、かなり昔の報告ではあるが、一〇〇〇頭以下であるとの報告がある。ブルネイにおける棲息頭数の報告も、相当に昔のものではあるが、約三〇〇頭だと記されている。問題は、インドネシア領にどれくらいのテングザルが棲息しているのかという点である。インドネシア領は、他の二ヵ国に比べると広大な土地を抱えている。ごく一部の保護区において、五〇〇〇頭程度の棲息数が報告されてはいるが、他の地域にどれほどの個体数が維持されているのかはまったくの謎である。

ここで問題となるのは、テングザルは保護する必要がある動物なのかという点である。たとえば、比較的正確なテングザルの頭数が報告されているサバ州の六〇〇〇頭というのは十分な頭数なのだろうか。他の絶滅危惧種の霊長類を見てみよう。サバ州に棲息するオランウータンの個体数は、一万頭程度だと見積もられている。このことを考えると、テングザルの棲息頭数が決して十分とはいえない、危機的な状況であることがよくわかるだろう。もちろん、テングザルとオランウータンの棲息頭数を単純に比較して、テングザルのほうが危機的状況にあるという短絡的なことをいいたいわけではない。テングザルとオランウータンではその出産間隔は異なるし、生活史も大きく違うので、単純に数だけではその危機度を評価することはできないことも強調しておきたいが、それでもなお、サバ州のテングザルの六〇〇〇頭という個体数は決して安心できる数字ではないであろう。

テングザルの保護のために何ができるのか

テングザルの個体数が減少するもっとも大きな要因は、この種が好む棲息地である川沿いの森の減少である。ボルネオ島の熱帯雨林は、一九八〇年代半ばにはその七五パーセントが残っていたのに対し、近年では五〇パーセントほどにまで減少している。その後も毎年、一三〇万ヘクタールの森林が消失しているといわれている。ボルネオの熱帯雨林の減少のもっとも大きな原因は、森林伐採とアブラヤシ農園（プランテーション）への転換である。急速に広がる大規模農園開発により、テングザルを含む多くの野生動物がその棲息場所を奪われ、残された数少ない森林の断片に棲息している。テングザルを含む、ボルネオ島の野生動物の保護にもっとも大切なことは、アブラヤシ農園の拡大を抑制することであるともいえる。しかし、アブラヤシ農園から得られる経済的利益は莫大であり、私たち日本人も、アブラヤシから作られるさまざまな製品（スナック菓子、化粧品、洗剤など）を日常的に利用するという恩恵を受けている。森林の保護と各国の利益追求の妥協点を見つけることが、テングザルを含む野生動物の棲む森の保全には不可欠なのである。

テングザルの保護にもっとも大切なことは、川沿いの森を守ることである。これは何度も述べたように、テングザルは夕方になるとほぼ確実に川沿いの木で眠るため、川沿いに広がる森というのはテングザルにとっては、私たちの家と同様に大切な場所だからだ。ではどれくらいの広さの、そしてどのような森林がテングザルの生存に必要なのかといった問いには、すでに私が調べたテングザルの生態研究の成果が役に立つかもしれない。私の調査を基に考えれば、まずテングザルの生存には、少なくとも川沿いから林内へ八〇〇メートルの連続した森林が必要である。また川辺林に棲息するテングザルは、今まで考えられてきたよりもはるかに多様な食物を摂取することが明らかになったことから、単に川沿いに森があるというだけではなく、多様な植物種を保持した森が必要であるといえる。

テングザルは絶滅危惧種に指定されているにも関わらず、その具体的な保護活動は活発だとはいえない。これは、テングザルが必ず川沿いの木で眠るという、特異な行動様式をもつことと関係があるだろう。つまり夕方にボートで川沿いを走れば、容易にテングザルの群れを見つけることができるという点から、一見するとまだ十分なテングザルの個体群が存在するかのように錯覚してしまうのである。同じように絶滅危惧種であるオランウータンは、通常は森の中の樹冠に巣をつくり眠るため、ボートで川沿いを走っただけでは見つけることは難しい。また、オランウータンは、テングザルのようなまとまった群れを作らず暮らしているために、森の中であっても見つけにくい。同じ絶滅危惧種でありながらも、オランウータンに比べてテングザルにおける保全意識が低い現状には、両種のこのような生態・社会的特徴の違いが影響しているとも考えられる。

しかし同時に、川沿いで容易に見つかるというテングザルの特徴は、貴重な観光資源としての可能性も秘めている。とくにマレーシア領のサバ州では、まとまったテングザルの個体数が今もなお維持されており、近年のエコツーリズムの普及によって、多くの観光客がサバ州を訪れる。森に入らずにボートから容易に、そして確実に観察できるボルネオ島の固有種であるテングザルは、観光客にとっても人気が高い(写真3・1)。私が調査しているマナングル川においても、観光客を乗せたボートの数を見てみると、もっとも観光客の少ない時期でも、最低でも一度に五艘ほどはテングザルを見に訪れており、多い時期には十五艘を超えるボートが押し寄せる。小さな支流は、観光客のボートで渋滞してしまうほどの大盛況の日もあるのだ(図3・1)。アブラヤシ農園から得られる経済的価値の高さから、単に反対するだけでは

写真３・１　川幅が20m程度の支流に，多くの観光客がボートで押し寄せるため，ボートの渋滞が起こることもある．とくに近年はスカウへの道が整備されたために，以前にも増して大量の観光客がボルネオの動植物を見に訪れる．

その拡張事業を食い止めることは難しい。しかしテングザルの観光資源としての重要性、価値を高めることで、アブラヤシ農園による経済的価値との妥協点を模索する活動は、森林の保護、そしてその先にあるテングザルを含む多くの動植物の保護に有効に働くと思われる。

絶滅の危機に瀕しているボルネオ島の動物が、何を食べてどのような行動様式をもっているのかを知ることは、動物たちの暮らしを守るための森林保護計画の要でもある、重要なアプローチの一つとなろう。とくに大型動物ほどその生存には広大な森が必要になるため、大型哺乳類の代表でもある霊長類が暮らせる森を残していくことは、テングザルだけでなく他の多くの動植物の保護にもつながる。いまだ多くの謎をもつテングザルの生態を明らかにすることは、学術的な意義と同様に保全的意義も大きいはずである。

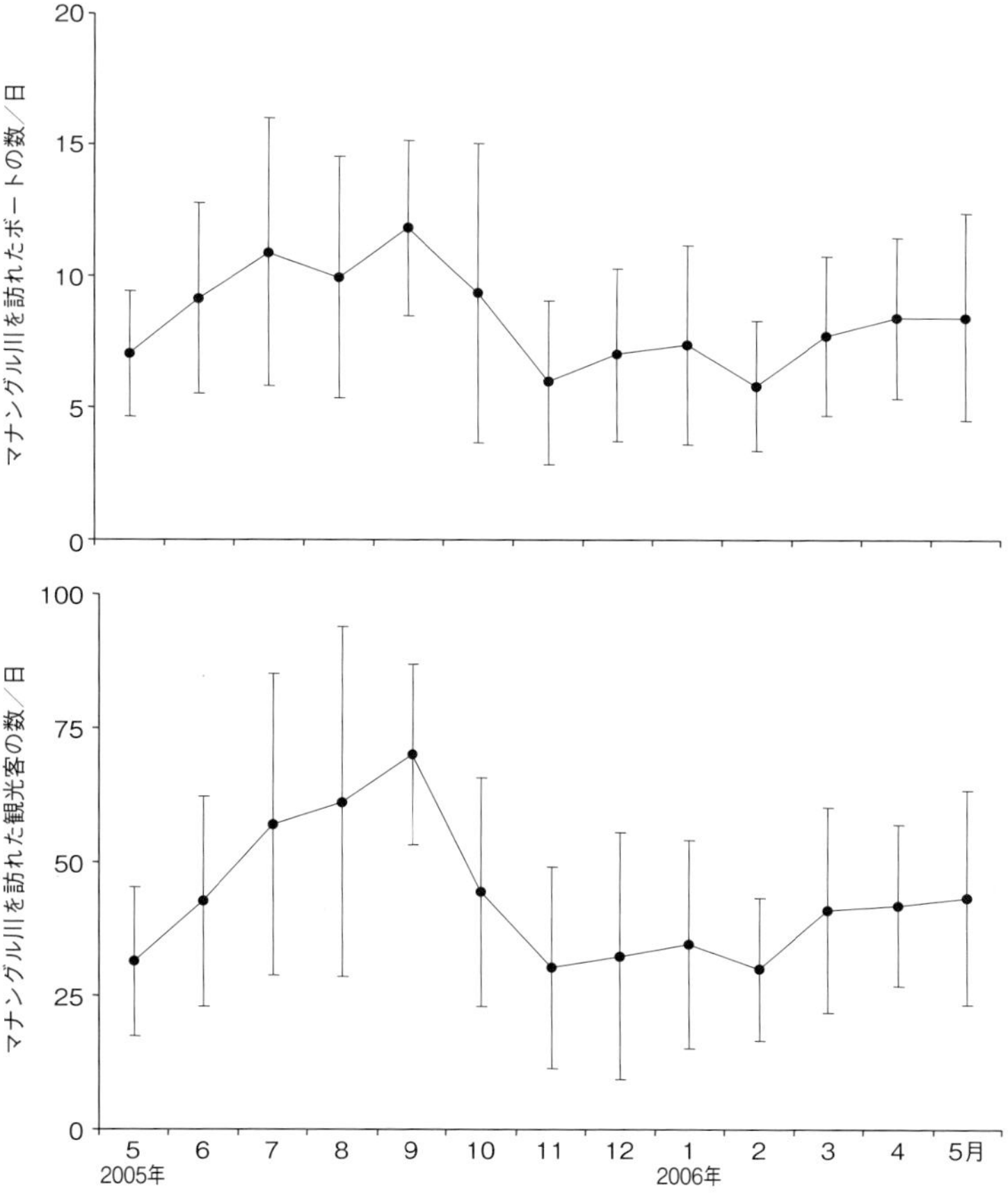

図3・1　1日にマナングル川を訪れる観光ボートの数と（上段），観光客の数（下段）の各月の平均．調査をおこなった日には，必ずマナングル川で出会った観光ボートと観光客の数をカウントした．7～9月にかけての夏休みシーズンには，観光客で混み合う．日本を含むアジアからの旅行者よりも，欧米からの旅行者の方が圧倒的に多いようだ．垂直線は標準偏差を表している．

テングザルの魅力と今後の研究

テングザルはまだまだ多くの謎を秘めている。今回紹介したのは、テングザルが好む棲息地の一つである、川辺林というタイプの森に棲息しているテングザルの生態である。テングザルはこの他にも、マングローブ林という、海に近い陸地に広がる森にも棲息している。私の研究しているスカウ村から、直線距離にして二〇キロメートルほど下流域にあるアバイ村というところには、このマングローブ林が広がっている。私がおこなった予備調査では、このマングローブの森は、川辺林に比べるときわめて植物種の多様性が低い。つまり、ひじょうに単調な森なのだ。川辺林の森では、一日に一〇種類近くの植物種を食べることもあり、合計で一八八種ものさまざま植物を食べたテングザルだが、マングローブの森では、一日中観察しても二種類程度の植物しか採食しないことがほとんどである。すでに一〇〇時間以上のテングザルの観察をこのマングローブ林でおこなっているが、合計でもテングザルはたった七種類の植物種しか採食していない。同じテングザルでありながら、マングローブ林に棲息するテングザルは、川辺林のテングザルとはまったく異なる食生活をもっているのである。当然、遊動パタンが異なることも予想される。いったい、こうも違った環境にどうやってテングザルは適応しているのか…謎は深まるばかりである。

また今回は紹介することができなかったテングザルの社会構造だが、これもじつにおもしろい特性を秘めている。霊長類というのは、哺乳類の中でもとくに複雑な社会を形成する種が多い。テングザルのよう

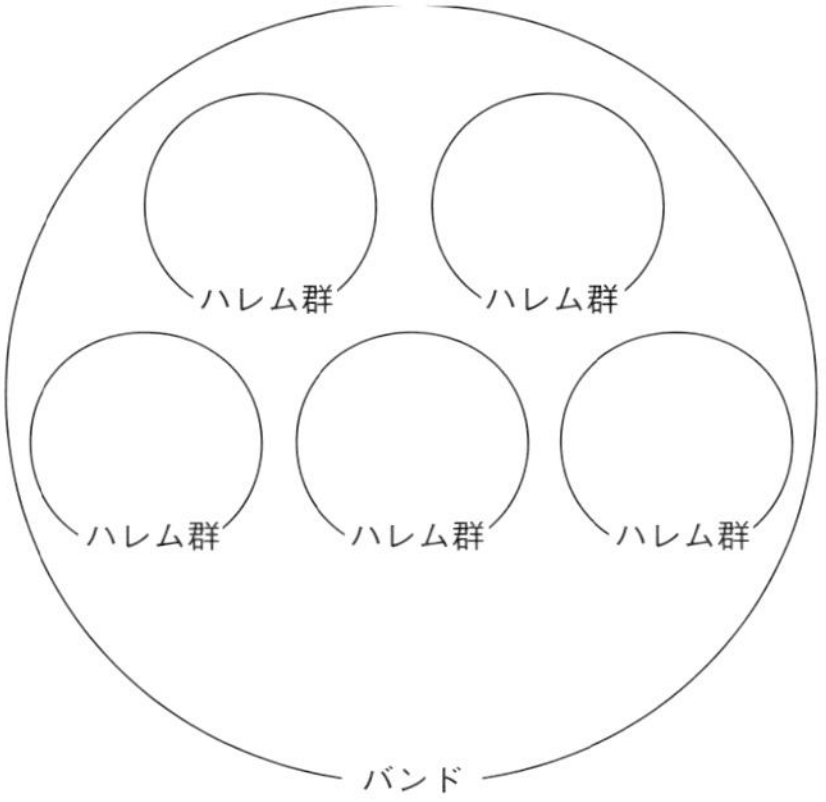

図3・2　群れの重層構造の概念図．霊長類の中でもゲラダヒヒ，マントヒヒは，古くから重層的な社会を形成することが報告されていた．近年になって，コロブス亜科に属する，テングザルとキンシコウなどでも，重層社会をもつことが示唆されるようになってきた．重層社会と一言にいっても，その中身は大きく異なる．たとえば，ゲラダヒヒはメスを中心とする母系的な構造を，マントヒヒは，オスを中心とする父系的な構造をそれぞれ基盤として保持している．テングザルやキンシコウでいわれている重層社会は，いったいどちらのヒヒの社会に類似しているのか，そもそも，テングザルはほんとうに重層社会を形成しているのか…まだまだ，解明しないといけない謎はたくさん残されている．

なハレム型の群れを形成する種もあれば、ニホンザルのように、複数のオスと複数のメスからなる、複雄複雌群を形成する種もある。またハレム型とは逆に、一頭のメスと複数のオスからなる、一妻多夫と呼ばれる社会を形成する種も南米にはいる。もちろん私たち人間の大部分がそうであるように、一夫一妻で生活する種もいる。そんな多様な霊長類の社会の中でも、テングザルは〝川沿い〟という特殊な空間に限定して、「重層社会」という複雑な社会を形成するといわれている。これは、テングザルの群れの基本単位であるハレム群がいくつか集まり、行動を共にすることで、バンドと呼ばれるさらに高次の社会を形成するというものである（図3・2）。川沿いという見通しの良い場所で群れがいくつか集まって泊まることは、確かに他の群れのようすを知る絶好のチャンスである。一方これは、自分の群れのメスを失うかもしれないという、オスにとっては危険な賭けでもある。なぜ、テングザルの群れは川沿いという特殊な空間で集まるのだろうか。ほんとうに、他の群れのようすを伺いメスを引き抜くためなのだろうか？一つの可能性として、私の調査地では、テングザルのハレム群は食物資源の豊富な時期に集まりやすく、また川幅の狭い場所でもハレム群が集まりやすいという結果が得られている（Matsuda et al., 2010b）。食物資源が多い時期ならば、ハレム群同士の食物を巡る競争は軽減されるであろうから、いくつかの群れが集まり、捕食者であるウンピョウへの警戒を高めるということもあり得る話である。また川幅の狭い場所を泊まり場とすれば、万が一ウンピョウなどの捕食者に襲われても、対岸に容易に逃げることができるという理由から、そういった場所は泊まり場としての人気が高く、ハレム群が集まり易いというのも合点のいく話である。こういった環境要因だけでもある程度の説明はできるのだが、実際はもっとずっと複雑な謎が隠されている可能性は高い。

（松田、二〇一一）

新発見：反芻するサル!!

霊長類のような大型動物において、新しい行動の発見というのは、ひじょうに稀なことである。それは新発見に至るようなめだつ行動は、だいたいすぐに論文として発表されてしまうからである。しかし、幸運にもいろいろな偶然が重なって、最近テングザルの新しい行動を発見し、論文として発表することができた（Matsuda et al., 2011）。テングザルの胃は、反芻動物、すなわちウシ、シカ、キリン、ラクダなどの動物に類似している。そして、それは胃が類似しているというだけに留まらず、なんとテングザルも、反芻動物のように食べ物を飲み込んだり、吐き戻したりするという反芻に類似した行動をすることを発見したのである（写真）。霊長類においてこのような行動が観察されたのは、世界で初めてだったので、私たちが当初思っていたよりもさまざまなメディアからの注目を浴びることとなった。

論文の詳細についてぃては実際の論文を読んでもらえればわかるので、ここではその論文が世に出るまでの経緯について少しお話したい。じつはテングザルのこの反芻に類似した行動は、冒頭にも登場した、私の先輩である村井勅裕さんが、二〇〇〇年の調査においてすでにビデオに収めていた。そして、なにやらおもしろい行動をしているとのことで、同じ北海道大学で修士課程の学生であった山田朋美さんの修士論文のテーマとしたのである。山田さんは毎日粘り強く、村井さんが収録した何百時間にも及ぶテングザルのビデオテープを一本ずつチェックし、その問題の行動をすべて抽出し、修士論文としてまとめあげた。その後、村井さんらによって、その反芻行動の論文は、霊長類学において権威のある数誌に投稿されたのだが、悔しいことになぜかまったく相手にされずに五年以上も眠ったままになっていた。

私はこのテングザルの反芻行動についての一連の経緯を知っていたので、調査中もこの行動が見られたら、詳しく状況を記述していた。確かに発現頻度は低いのだが、どう見てもこの行動は病的な行動や、偶然に起こるような突発的なものではない、というのが私の感想であった。その後しばらく時が流れ、反芻行動とはまったく関係のない内容で、ドイツの哺乳類学会が編集する、『Mammalian Biology』という雑誌に、研究成果を発表したときのことであった。そのときの編集長であるMarcus Clauss氏に、私が論文中に書いた、「テ

写真　テングザルが反芻動物のように，一度飲み込んだ食べ物を口まで戻し，再び噛み砕き飲み込むという行動を発見した．しかし，まだまだこの行動が発現する詳細なメカニズムはわかっていない．(a)，(b) はテングザルのオトナ・メス，(c) はオトナ・オスが反芻のような行動をとっている (a，b は村井による撮影，c は筆者による)．

ングザルは反芻動物のような胃をもつ」という記述に対して、猛烈に抗議されたのだ。どうやら編集長は、反芻動物の消化生理学についての専門家であって、反芻動物の胃と霊長類であるテングザルの胃を同等のもののように記述されたことが、専門家的には、ひどく雑で、横暴な文章に思えたようだった。このときは私も編集長の指示に従って、論文の修正を進め、ようやく論文が受理された後に、編集長にあてて少し抗議めいたメールを書いた。内容は、「貴方はテングザルの胃は反芻動物とはまったく異なるとおっしゃったが、私たちは、テングザルが何度も反芻動物のように反芻するのを観察しています。それでも〝反芻動物のような胃をもつ〟という記述は、不適切なのでしょうか?」といった具合にである。するとその後Clauss氏から直々に、それはおもしろい行動だ、ぜひ論文として発表するべきだという旨のメールを頂いたのだ。その後もいろいろとあって、そのClauss氏とはすっかり友達になり、テングザルの反芻行動を収めた動画を実際に見てもらうことになった。それを見た彼は、驚愕、興奮したようすで、ますます論文にして発表するべきだとメールをくれたのだ。

私もいよいよ本気になって、私が収集したテングザルの反芻行動のデータを取りまとめ、さらには村井さん、山田さんが集めたデータも集約して、論文として書き上げた。しかし生理学的な分野は、私の専門外であったので、Clauss氏に原稿を見てもらい、多くのアドバイス、そして修正をしてもらい、最終的には彼も論文の著者の一人になってもらって論文を投稿し、めでたく世に出版されたのである。本当にいろいろな偶然が重なり、日の目を見ることになった論文なのである。

いろいろな偶然と運が重なった結果がもたらした新発見。しかし、やはりこれもじっとフィールドにへばりつき、何千時間もの観察を続けた結果が実った部分も大きい。フィールドでの忍耐なくしては、やはり何も生まれなかったのだ。そしてこんな単純でわかりやすい行動も、今までの研究者は見すごしてきたということであり、霊長類のような大型哺乳類においても、現場に張りつき、しっかり動物を観察すれば、まだまだ大発見の可能性が十分にあるということを証明した研究でもあるのだ。

若手フィールドワーカーたちの未来

テングザルが危機的状況なのと同様に、現在、若手の研究者、とくに博士号を取得後のポストドクター（通常ポスドクと略される）と呼ばれる私たちも、危機的な状態にある。博士号を取得した後に、多くのポスドクは定職を見つけることができず、安定した給料も得られないことから困窮し、その後の研究を継続できず、研究する道を諦めてしまうという状況に陥ることが多々あるのだ。私の場合は、博士号を取得した年の二〇〇八年四月から翌年三月までは、収入のある職に就けなかった。かろうじて出身研究室において、博士研究員という「所属」をもらったが、それは無給の研究員である。資金はなくとも調査は続けなければならない。私の妻が必死で働き、なんとか二人で生活をするという日々が一年間続いた。北海道の冬は寒いが、暖房代の節約のために、家の中でも毎日、息が白かった。そしてきわめつきは、安いという理由で毎日野菜ばかりを食べて生活していたために、コレステロール低下による栄養失調の一歩手前だと医者に診断されてしまうほどの困窮ぶりであった。正直、何度となく研究生活を諦めて、一般の職を探そうとも考えた。幸いポスドクの二年目からは、給料がもらえる職に就くことができたが、それでも毎年契約の更新をしなければならないという不安定な状態である。

通常、安定した職を得るためには、博士論文とは別に、国際誌に受理された科学論文が多数必要となる。そうした科学論文は、厳しい審査を突破して受理されるので、科学論文は自身の研究が世界に認められたことの証であり、科学論文を何本もっているかで、ときにその研究者の価値をも評価される。私のような大型動物の生態を研究するフィールドワーカーは、実験系の研究に比べると、こういった科学論文の発表には多くの時間と労力を要する。たとえばこの本で紹介した研究成果の基になっているデータは、その準備期間も含めれば一年半もの間をボルネオ島の村ですごし、来る日も来る日もサルを追いかけて泥まみれになりながら集めたものである。電気もろくにないような現地において、データの整理をまともにすることはできないため、当然、詳しいデータの整理や分析は日本に帰ってからになる。帰国後にその膨大な量のデータの整理と、分析に費やした時間はおよそ一年、その後、博士論文を書き上げるのに半年。気がつけば博士課程の四年間はあっという間にすぎていた…残ったのは奨学金の返済と、無給の博士研究員という現実である。フィールドワーカーは、そういった成果の公表に時間と労力がかかるということを理由に、科学論文を書くことから遠のいてしまうという事実も、無きにしも非ずなのかもしれない。しかしフィールドワークという、時間はかかるが、じっくり動物の行動を観察して、動物の生態・社会を明らかにするという学問は、その動物の保全活動ともリンクし得る、今後はより重要になるであろう分野である。こういった汗と泥にまみれた基礎データなくしては、いくら精巧なマシンを使って計算・予測をしても、生きた学問にはなりえない。

今、若い学生たちは、私のようなフィールドワーカーの危機的な状況をみて、海外調査へと繰り出すことを躊躇う場合が多いようだ。あれだけ苦労してデータを集めても、博士号の取得には時間がかかるうえに、さらにその後の職も安定しないのだから、少し利口な学生ならばこの分野を選ばないだろう。実際にフィールドワークを主体とする研究室には、昔ほど学生が集まらない場合が多い。それなりに潤沢な研究費と設備を用意しても、積極的にフィールドワークに身を投じようとする学生は、あまり多くはない。まさにフィールドワーカーは、絶滅危惧種なのである。

私は海外のフィールドで、欧米からの研究者ともよく出会うが、日本人というのは彼らに比べれば、はるかにフィールドワーカーとしての資質を備えているように思う。特別な場合を除いて、宗教などへのこだわりがそれほど強くないことがその一つである。たとえばマレー人は、イスラム教徒が多く、毎週金曜日はモスクへのお祈りをする大切な日である。ならば単純に、調査は金曜日と土曜日を休日とすればよい。ところが欧米の研究者は、柔軟には対応できない場合が多く、イスラム教徒のペースに合わせることも難しい場合があるようだ。また食べ物や日常の生活様式にしても、日本人はそれほど強いこだわりのない場合が多く、柔軟に対応できる。風呂がなければ川で水浴びをすればよいし、タンパク源はナマズであれピラニアであれ村人が食するものを食べればよい。実際それが一番美味しい場合が多い。肌を隠す習慣ならば、無理に露出した服装をする方が面倒である。しかし私の知る欧米の研究者たちは、自分の国での生活様式をそのまま調査地にも持ち込もうとして、現地の住民とトラブルになったり、無駄な労力を割くことになってしまっていることが多い。もしかしたら、欧米化の進んだ現代の日本に住む私たちのなかにも、現地の生活様式を受け入れがたいと感じる人は多くなっているかもしれない。しかしそれでもなお、日本人の国民性である勤勉さとまじめさは、じつはフィールドワークには欠くことのできない資質であり、現地の住民を尊重する姿勢も評価が高い。にもかかわらず、今日のフィールドワーク研究において、日本人は以前のような輝きを失い、影をひそめてしまっているのが残念でならない。フィールドワークの道を切り開いてこられた、かつての偉大な研究者の方々に申し訳なさでいっぱいである。

確かにテクノロジーの分野において日本は発展してきたし、すばらしい技術は世界に貢献している。しかし、今一度、この泥臭いフィールドワークへの日本人の資質を見直し、その可能性を評価して欲しいと思う。私たちフィールドワーカーはそのために、一日も早く研究成果を発表するという覚悟をもって調査に臨むべきである。一方でフィールドワーカーの育成と、その将来を多少なりとも保障してくれるような流れが、世の中に生まれればと期待する。自然の中の未知なる発見への好奇心をもつことさえ許されない殺伐とした社会ではなく、素直におもしろいと思うことを追求できるような夢のある社会でこそ、学問は芽吹き、育つことができるはずだからである。

あとがき

本文を読んでいる最中に、主語がときどき〝私〟となっていたり、〝私たち〟となっていたりして、あれっ、と思われた方もいるかもしれない。じつは、単身で海外調査に出かけたと書いたのだが、それは少し訂正する必要があり、調査に初めて降り立った二〇〇五年一月には、私の妻も同行していたのだ。正確にはそのときは妻ではなく、単なる恋人というだけの関係であった。マレーシアをリゾートだと偽り、都会的なことが好きな妻を、調査に巻き込んだのだ。当初はまったく英語が話せない私に代わって、彼女にはさまざまな辛い交渉ごとの通訳をしてもらった。リゾートとは嘘っぱちで、茶色く濁った泥っぽい川で毎日洗濯や水浴びをして、調査に行くための弁当を作ってもらったり、調査基地の管理や、集めた植物標本の作製などをお願いしたりした。現地では真っ黒に日焼けしながらいっしょに汗を流して生活し、日本に帰ってからも、無給の私を支え、必死で働いてくれた。私の調査の成功の裏には、妻の存在が大きいことは間違いない。自身の妻をここで紹介するのは、大いに気が引けたのだが、やはり彼女の援助をここで明記しなくては、私の研究成果は嘘になると思い、ここに書かせて頂いた。

この本を出版するきっかけを作って頂いただけでなく、現地における色々な悩みを相談し、助言をくれる、尊敬すべきフィールドワーカーの一人である、松林尚志氏にはほんとうに感謝をしている。そして、私にフィールドワーカーとはどうあるべきかを身をもって教えてくれた、修士課程のときの指導教員である同志社大学教授（当時）の西郁顕達先生なくしては、まったく知らない海外の調査地において研究を成し遂げることはできなかっただろう。また、今の私の研究者としての人生があるのは、自由な発想のもとで研究をさせてくれた、博士課程のときの指導教員である、北海道大学教授の東 正剛先生による指導があったからである。ここに厚くお礼を申し上げたい。また、出会った当時はポスドクという身分でありながら、まともな研究計画も立てずにマレーシアに旅立った無謀な学生を、現地にまで訪ねてくれ、そして適切なアドバイスをくれた、京都大学准教授の半谷吾郎氏の気さくで、寛容な人柄には、同じ研究所に勤めるようになった今でも毎日助けられてばかりである。この他にも、国内外の多くの方たちの助けを受けて、研究を成し遂げることができた。以下に挙げる中の誰が欠けていても、私の研究は成功しなかったであろう（敬称略）。渡邊邦夫（京都大学）、山極寿一（京都大学）、岩熊敏夫（北海道大学）、揚妻直樹（北海道大学）、久保拓弥（北海道大学）、村井勅裕（環境教育文化機構株式会社）、千々岩哲（ラーゴ株式会社）、秋山吉寛（名古屋大学）、坪内俊憲（ボルネオ保全トラスト）、東研究室の皆さん、Augustine Tuuga（Sabah Wildlife Department: マレーシア野生生物局）、Munirah Abd. Manan, Gwendolen Vu（Economic Planning Unit: マレーシア経済企画局）、Hj. Hussin Tukiman, Ladwin Ruki, John B. Sugau, Joan T. Pereira, Postar Miun（Sabah Forestry Department: マレーシア森林局）、Datin Maryati Mohamed, Abdul Hamid Ahmad, Henry Bernard（Universiti Malaysia Sabah: サバ大学）、Isabelle Lackman, Marc Ancrenaz（HUTAN）, Zainal Abidin Jaafar, Ahmad Bin Arsih, Mat Sarudin Bin Abd. Karim（現地調査助手）。この本を執筆する機会を頂いたにも関わらず、原稿の提出期限を大幅にすぎてしまった私を、なおも見捨てずに励まし、完成にまで導いて頂いた、東海大学出版会の田志口克己氏には感謝の言葉もありません。突然の依頼にもかかわらず、本書の推薦文の執筆を引き受けてくださった、登山家の野口健氏と奥様の靖子氏に心から感謝いたします。最後に、いつも危険で無謀なことばかりをし、三〇歳をすぎても定職のない息子を咎めず、温かく見守ってくれる両親と祖父母のおかげで今の私があることは、ここで書くまでもない当然のことではあるけれど、やはり文章として書き留めておきたい。

この本を読んで、多くの学生がフィールドワークに繰り出してくれればと思う。そして、研究成果以上の何か大きな成長をそのフィールドワークの旅から得て、私たち人間を含む、動物、植物にとっての棲みやすい地球を作るためにその経験を活かして活躍して欲しいと願うばかりである。

二〇一一年六月十六日、目の前に広がる雄大なキナバタンガン川を眺めつつ、スカウ村の調査基地にて

松田　一希

mate Societies. University of Chicago Press, Chicago, pp 585

Yeager CP（1989）Feeding Ecology of the Proboscis Monkey（*Nasalis larvatus*）. International Journal of primatology 10:497-530

Yeager CP（1991）Possible Antipredator Behavior Associated with River Crossings by Proboscis Monkeys（*Nasalis larvatus*）. American Journal of Primatology 24:61-66 keys in a Riverine Forest with Special Reference to Ranging in Inland Forest. International Journal of Primatology 30:313-325

Matsuda I, Tuuga A, Higashi S (2010a) Effects of Water Level on Sleeping-site Selection and Inter-group Association in Proboscis Monkeys: Why do They Sleep alone Inland on Flooded Days. Ecological Research. 25:475-482

Matsuda I, Kubo T, Tuuga A, Higashi S (2010b) A Bayesian Analysis of the Temporal Change of Local Density of Proboscis Monkeys: Implications for Environmental Effects on a Multilevel Society. American Journal of Physical Anthropology 142: 235-245

Matsuda I, Tuuga A, Bernard H (2011a) Riverine Refuging by Proboscis Monkeys (*Nasalis larvatus*) and Sympatric Primates: Implications for Adaptive Benefits of the Riverine Habitat. Mammalian Biology 76:165-171

Matsuda I, Murai T, Clauss M, Yamada T, Tuuga A, Bernard H, Higashi S (2011b) Regurgitation and Remastication in the Foregut-fermenting Proboscis Monkey (*Nasalis larvatus*). Biology Letters 7:786-789

Matsuda I, Tuuga A, Bernard H, Furuichi T (in press-a) Inter-individual Relationships in Proboscis Monkeys: a Preliminary Comparison with Other Non-human Primates. Primates

Matsuda I, Akiyama.Y, Tuuga A, Bernard H (in press-b) Daily Feeding Rhythm in Proboscis Monkeys (*Nasalis larvatus*) in Sabah, Malaysia. In: Tan CL, Grueter CC, Wright BW, (Eds.), Odd-nosed Monkeys: Recent Advances in the Study of the Forgotten Colobines. Springer

松田一希 (2011) テングザルから紐解くコロブス亜科の多様な生態と社会 . 霊長類研究 27:25-93

Moir RJ (1968) Ruminant Digestion and Evolution. In: Code CF (Ed), Handbook of Physiology. American Physiological Society, Washington DC, Section 6, Vol 5

中川尚史 (1999) 食べる速さの生態学 — サルたちの採食戦略 . 京都大学学術出版会 , pp.287

Sakaguchi E, Suzuki K, Kotera S, Ehara A (1991) Fiber Digestion and Digesta Retention Time in Macaque and Colobus Monkeys. In Ehara A, Kumura T, Takenaka O, and Iwamoto M (Eds.), Primatology Today: Proceedings of XIIIth congress of the international primatological society. Elsevier, New York, pp.671-674

Sha JCM, Bernard H, Nathan S (2008) Status and Conservation of Proboscis Monkeys (*Nasalis larvatus*) in Sabah, East Malaysia. Primate Conserv 23:107-120

Smuts BB, Cheney DL, Seyfarth RM, Wrangham RW, Struhsaker TT (1987) Pri-

参考文献

Campbell CJ, Fuentes A, Mackinnon KC, Panger M, Bearder SK（2006）Primates in Perspective. Oxford University Press, Oxford, pp 736

Clauss M, Streich WJG, Nunn CL, Ortmann S, Hohmann G, Schwarm A, Hummel J（2008）The Influence of Natural Diet Composition, Food Intake Level, and Body Size on Ingesta Passage in Primates. Comparative Biochemistry and Physiology-Part A: Molecular & Integrative Physiology 150:274-281

Davies AG, Oates J（1994）Colobine Monkeys: Their Ecology, Behaviour and Evolution. Cambridge University Press, Cambridge, pp 432

Dierenfeld ES, Koontz FW, Goldstein RS（1992）Feed Intake, Digestion and Passage of the Proboscis Monkey（*Nasalis larvatus*）in Captivity. Primates 33:399-405

Dunbar RIM（1991）Functional Significance of Social Grooming in Primates. Folia Primatologica 57:121-131

Galdikas BMF（1985）Crocodile Predation on a Proboscis Monkey in Borneo. Primates 26:495-496

Hanya G（2004）Seasonal Variations in the Activity Budget of Japanese Macaques in the Coniferous Forest of Yakushima: Effects of Food and Temperature. American Journal of Primatology 63:165-177

Kool KM（1993）The Diet and Feeding Behavior of the Silver Leaf Monkey（*Trachypithecus auratus sondaicus*）in Indonesia. International Journal of Primatology 14:667-700

Matsuda I（2008）Feeding and Ranging Behaviors of Proboscis Monkey *Nasalis larvatus* in Sabah, Malaysia. Ph.D. thesis, Graduate School of Environmental Earth Science, Hokkaido University

Matsuda I, Izawa K（2008a）Predation of Wild Spider Monkeys at La Macarena, Colombia. Primates. 49:65-69

Matsuda I, Tuuga A, Higashi S（2008b）Clouded Leopard（*Neofelis diardi*）Predation on Proboscis Monkeys（*Nasalis larvatus*）in Sabah, Malaysia. Primates 49:227-231

Matsuda I, Tuuga A, Akiyama Y, Higashi S（2008c）Selection of River Crossing Location and Sleeping Site by Proboscis Monkeys（*Nasalis larvatus*）in Sabah, Malaysia. American Journal of Primatology 70:1097-1101

Matsuda I, Tuuga A, Higashi S（2009a）The Feeding Ecology and Activity Budget of Proboscis Monkeys. American Journal of Primatology 71:478-492

Matsuda I, Tuuga A, Higashi S（2009b）Ranging Behaviour of Proboscis Mon-

索引

著者紹介

松田一希（まつだ　いっき）
1978年生まれ
北海道大学大学院地球環境学科研究科博士課程修了　博士（地球環境科学）
京都大学霊長類研究所 日本学術振興会特別研究員を経て同研究所特定助教
2011年日本霊長類学会 高島賞受賞
著者：『The Natural History of the Proboscis Monkey』（Natural History Publications, 2011）

フィールドの生物学⑦
テングザル—河と生きるサル—

2012年2月20日　第1版第1刷発行

著　者　松田一希
発行者　安達建夫
発行所　東海大学出版会
〒257-0003　神奈川県秦野市南矢名3-10-35
TEL 0463-79-3921　FAX 0463-69-5087
URL http://www.press.tokai.ac.jp
振替 00100-5-46614
組版所　株式会社桜風舎
印刷所　株式会社真興社
製本所　株式会社積信堂

ISBN978-4-486-01846-9

著者		書名	判型	頁数	価格
八田洋章・大村三男	編	**果物学** —果物のなる樹のツリーウォッチング—	B5	四〇〇頁	四八〇〇円
渡辺弘之	著	**カイガラムシが熱帯林を救う**	A5変	一四八頁	二四〇〇円
国立科学博物館	編	**菌類のふしぎ** —形とはたらきの驚異の多様性—	B5	二二八頁	二八〇〇円
国立科学博物館	編	**南太平洋のシダ植物図鑑**	B5	三三〇頁	八二〇〇円
安間繁樹	著	**ネイチャーツアー西表島**	A5変	二七六頁	二九〇〇円
清水勇・大石正	編著	**リズム生態学** —体内時計の多様性とその生態機能—	A5変	二四八頁	二八〇〇円
デイビット・ウィルキンソン 著 / 金子信博	訳	**生物多様な星の作り方** —生態学からみた地球システム—	四六	二二四頁	二〇〇〇円

ここに表示された金額は本体価格です．御購入の際には消費税が加算されますので御了承下さい．